ANQUAN SHENGCHAN

Yingji Jiuyuan Yu Xiaofang Jiuhu Zhishi Shouce

安全生产应急救援与消防救护知识手册

主　编：赵开功

副主编：张　瑞　黄志凌　付　昱

李　强　高新磊

中国矿业大学出版社

内容提要

本书旨在提高生产企业员工安全生产应急处置意识。通过全面系统整理和编制，利用图文并茂的方式，让企业员工全面了解本岗位主要危险源及其可能造成的危害，系统掌握常见事故处置程序和现场应急处置措施。

本书适用于煤炭、电力、运输、煤化工、民爆、地勘等生产、建设单位及承包商安全生产应急知识培训和学习。

图书在版编目（CIP）数据

安全生产应急救援与消防救护知识手册 / 赵开功主编 . — 徐州 : 中国矿业大学出版社 , 2018.1（2018.4 重印）

ISBN 978-7-5646-3899-3

Ⅰ . ①安… Ⅱ . ①赵… Ⅲ . ①生产事故 – 应急对策 – 救援 – 手册 Ⅳ . ① X928-62

中国版本图书馆 CIP 数据核字 (2018) 第 024733 号

书　　名 安全生产应急救援与消防救护知识手册
主　　编 赵开功
责任编辑 吴学兵
出版发行 中国矿业大学出版社有限责任公司
（江苏省徐州市解放南路 邮编 221008）
营销热线 （0516）83885307 83884995
出版服务 （0516）83885767 83884920
网　　址 http://www.cumtp.com **E-mail:** cumtpvip@cumtp.com
印　　刷 徐州市今日彩色印刷有限公司
开　　本 787×960 1/16 **印张** 10 **字数** 120 千字
版次印次 2018 年 1 月第 1 版 2018 年 4 月第 2 次印刷
定　　价 69.00 元

《安全生产应急救援与消防救护知识手册》
编写人员名单

主　　　　编：赵开功

副　主　编：张　瑞　黄志凌　付　昱　李　强　高新磊

主要编写人员：（按姓氏笔画排序）

马彦廷　王春毅　王咸洪　韦如松　石　军
付　康　宁　志　成文福　李永彪　李丽娜
李海节　杨鹏辉　吴宏儒　张日晨　陈　硕
陈新风　周　勇　赵　凯　胡玉诗　姜兴华
徐海萍　高　宇　唐　辉　盖泳伶　潘　攀

参加编写人员：（按姓氏笔画排序）

马国柱　王　正　王彩军　毛希君　邓油军
田红鹏　史惠堂　玄　放　朱玉文　乔法强
刘　宏　刘泽瑞　刘子斌　江进武　汤兴华
孙立伟　杜　宇　李　君　李志红　李建斌
杨　榆　邱文杰　张　凤　张　旭　张龙飞
张宏刚　张国奇　张学增　张宝成　张宝禄
张雪平　呼秀峰　孟海滨　赵　璇　赵文渊
赵玉国　赵伟华　柏岸平　郜丽东　桂思玉
徐晓轩　高士伟　高云军　郭文慧　曹民远
崔怀明　梁祥省　董建锋　谢富荣　蒲冲冲
燕辰凯

前 言

安全生产是关系人民群众生命财产安全的大事，是经济社会协调健康发展的标志，是党和政府对人民利益高度负责的要求。党中央、国务院始终高度重视安全生产工作，党的十八大以来习近平总书记就安全生产工作作出了一系列重要指示和批示，强调要牢固树立新发展理念，坚持安全发展，坚守发展决不能以牺牲安全为代价这条不可逾越的红线，有力推动了全国安全生产工作的深入开展。

为进一步提高防范和处置安全生产事故的能力，最大限度地预防和减少安全生产事故及其造成的损害和影响，保障企业员工生命和国家财产安全，依据《中华人民共和国安全生产法》、《中华人民共和国突发事件应对法》、《中央企业应急管理暂行办法》等法律法规以及《中共中央 国务院关于推进安全生产领域改革发展的意见》要求，结合国家能源集团、中国石化集团、兵器工业集团标准化研究所、中国华电集团、华润集团、中煤集团、开滦集团等单位安全生产应急救援管理工作实践，我们组织编写了《安全生产应急救援与消防救护知识手册》（以下简称《手册》）。

《手册》旨在弘扬生命至上、安全第一的理念。通过对安全生产应急救援知识、技能、标准等分行业重新进行全面系统归纳和编制，利用图文并茂和通俗易懂的方式，让企业员工全面了解本岗位存在的主要危险源及其可能造成的危害，系统掌握常见事故处置程序和现场应急处置措施，有效提高企业员工安全生产应急意识，提升防灾减灾救灾能力，亦可作为能源生产企业安全生产应急知识培训、学习读本。

《手册》适用于煤炭、电力、运输、煤化工、民爆、地勘等生产建设单位及承包商，亦可作为其他行业安全生产应急救援培训参考资料。

本书的编写人员主要来自国家能源集团各有关单位、中国石化集团及青岛安全工程研究院、兵器工业集团标准化研究所、中国矿业大学（北京）管理学院、中煤平朔集团公司和国家矿山应急救援开滦队等单位。在此，对各单位提供大量基础资料并参与编写的同志们表示衷心感谢！

由于编者能力和水平所限，书中难免有不当之处，恳请广大读者给予批评指正。

编者

2018年1月

目 录

第一章　煤炭

煤炭企业主要存在煤与瓦斯突出、瓦斯爆炸、火灾、水灾、顶板灾害、煤尘爆炸、机电运输等事故风险。

第一节　煤矿事故应急常识

一、紧急避险六大系统

1. 监测监控系统

煤矿企业必须按照《煤矿安全监控系统及检测仪器使用管理规范》(AQ 1029—2007) 的要求，建设完善安全监控系统，实现对煤矿井下瓦斯、一氧化碳浓度、温度、风速等的动态监控，为煤矿安全管理提供决策依据。

矿井监测监控系统中心站实行 24 小时值班制度，当系统发出报警、断电、馈电异常信息时，能够迅速采取断电、撤人、停工等应急处置措施，充分发挥其安全避险的预警作用。

监测监控系统可以为各级生产指挥者和业务部门提供环境安全参数动态信息，为指挥生产提供及时的现场资料和信息，便于提前采取防范措施。另外，通过对被测参数的比较和分析，系统可以实现自动报警、断电和闭锁，便于控制事故的发生或扩大，能在甲烷传感器断线或超限、掘进巷道风筒无风、通风机停止、备用通风机馈电无电后迅速自动切断所属断电范围的设备电源，并保持闭锁状态。在发生事故的情况下，能及时指示最佳救灾和避灾路线，为抢救和疏散人员提供决策信息。

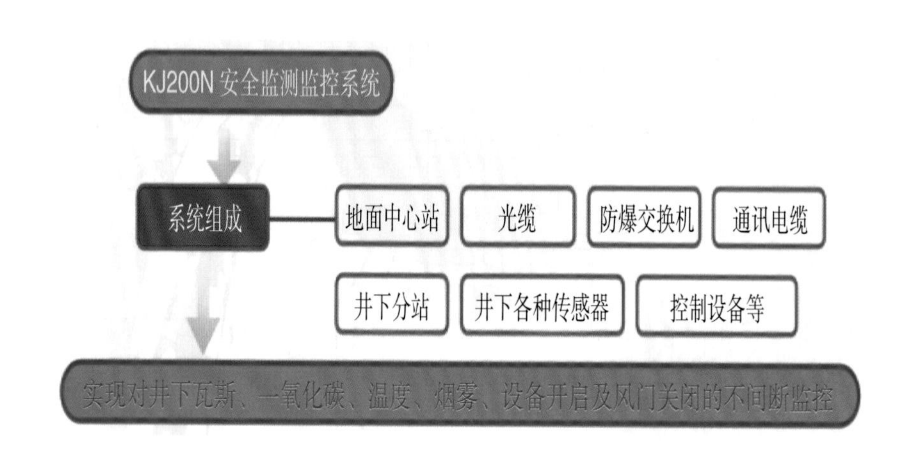

2. 人员定位系统

人员定位系统是集井下人员考勤、跟踪定位、具备群呼寻呼功能、灾后急救、日常管理等于一体的综合性系统，能够及时、准确地将井下各个区域人员及设备的动态情况反映到地面计算机系统，使管理人员能够随时掌握井下人员、设备的分布状况和每个矿工的运动轨迹，以便于进行更加合理的调度管理。当事故发生时，救援人员也可根据井下人员及设备定位系统所提供的数据、图形，迅速了解有关人员的位置情况，及时采取相应的救援措施，提高应急救援工作的效率。

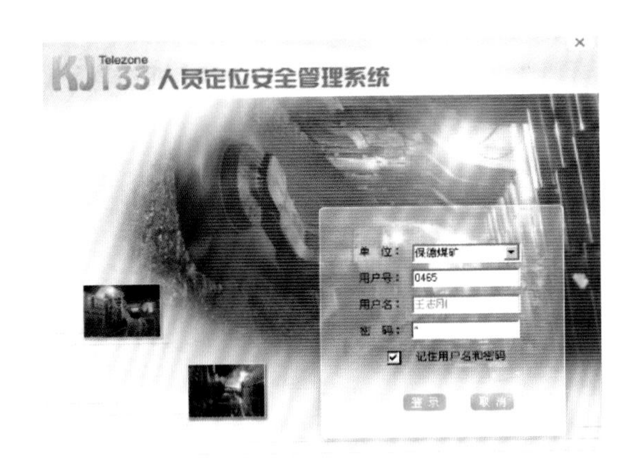

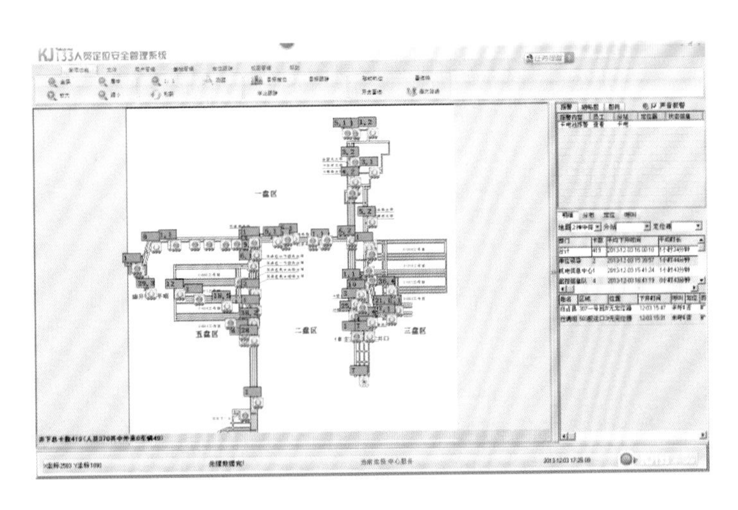

3. 紧急避险系统

煤矿企业必须按照《煤矿安全规程》的要求，为入井人员配备额定防护时间不低于30分钟的自救器。煤与瓦斯突出矿井应建设采区避难硐室，突出煤层的掘进巷道长度及采煤工作面走向长度超过500米时，必须在距离工作面500米范围内建设避难硐室或设置救生舱。煤与瓦斯突出矿井以外的其他矿井，从采掘工作面步行，凡在自救器所能提供的额定防护时间内不能安全撤到地面的，必须在距离采掘工作面1000米范围内建设避难硐室或救生舱。

永久避难硐室生存舱

4. 供水施救系统

煤矿企业必须按照《煤矿安全规程》的要求，建设完善的防尘供水系统；除按照要求设置三通及阀门外，还要在所有采掘工作面和其他人员较集中的地点设置供水阀门，保证各采掘作业地点在灾变期间能够满足应急供水的要求。要加强供水管路维护，不得出现跑、冒、滴、漏现象，保证阀门开关灵活。

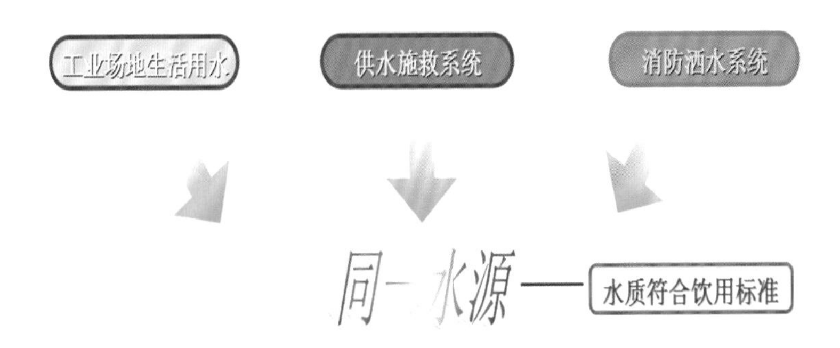

5. 压风自救系统

煤矿企业必须在按照《煤矿安全规程》要求建立压风系统的基础上，根据所有采掘作业地点在灾变期间能够提供压风供气的要求，进一步建设完善压风自救系统。井下压风管路要采取保护措施，防止灾变破坏。突出矿井的采掘工作面要按照《防治煤与瓦斯突出规定》（国家安全生产监督管理总局令第 19 号）要求设置压风自救装置。其他矿井掘进工作面要安设压风管路，并设置供气阀门。

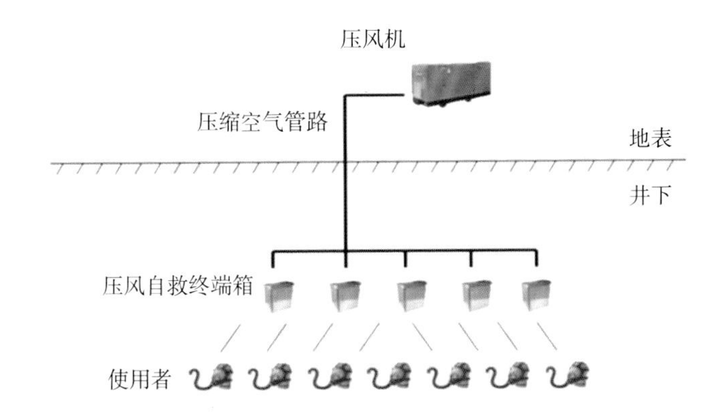

6. 矿井通信联络系统

煤矿企业必须按照《煤矿安全规程》的要求，建设井下通信系统，并按照在灾变期间能够及时通知人员撤离和实现与避险人员通话的要求，进一步建设完善通信联络系统。在主副井绞车房、井底车场、运输调度室、采区变电所、水泵房等主要机电设备硐室和采掘工作面以及采区、水平最高点，应安设电话。井下避难硐室（救生舱）、井下主要水泵房、井下中央变电所和突出煤层采掘工作面、爆破时撤离人员集中地点等，必须设有直通矿调度室的电话。要积极推广使用井下无线通讯系统、井下广播系统。发生险情时，要及时通知井下人员撤离。

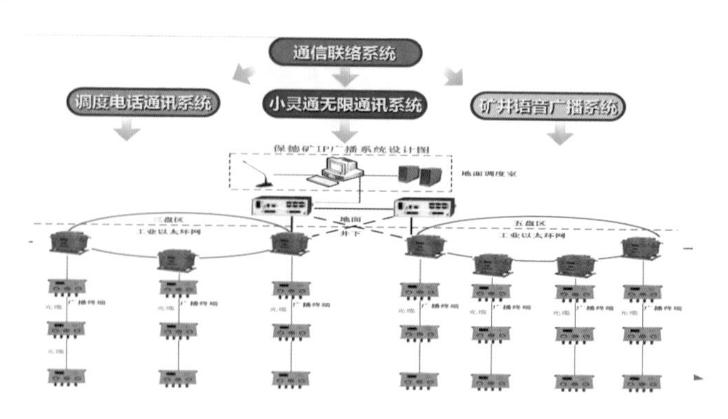

二、隔绝式压缩氧自救器

压缩氧自救器主要用于煤矿井下或环境空气发生有毒气体污染及缺氧窒息性灾害时，现场人员迅速佩戴，保护佩戴人员正常呼吸迅速逃离灾区实现自救。

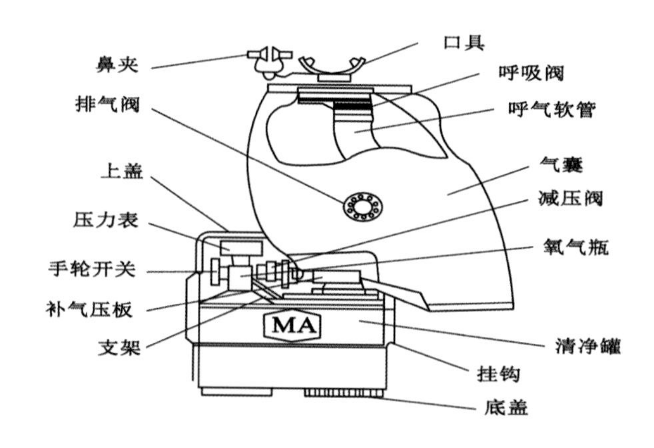

隔绝式压缩氧自救器使用方法：

将佩戴在身上的自救器移至正前方。

双手捏住上盖锁扣迅速取下上盖。

取下上盖丢弃，展开气囊。

拔掉口具塞，将口具放入口中，口具片置于唇齿之间，牙齿咬紧牙垫，戴上鼻夹。

按补气板向气囊补气，使气囊鼓起。

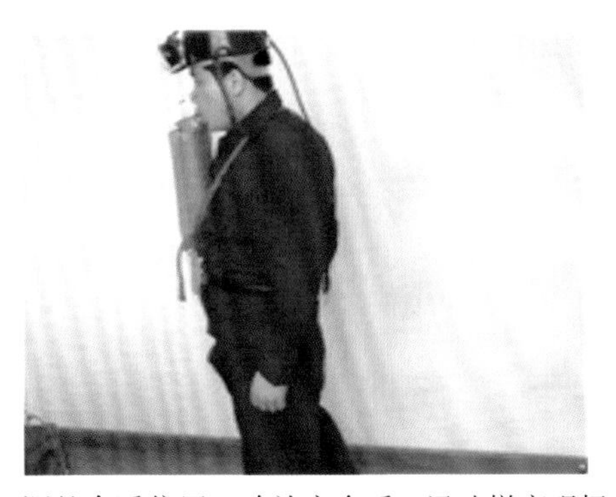

调整合适位置，确认安全后，迅速撤离现场。

第二节 井工煤矿事故应急处置

一、瓦斯、煤尘爆炸事故应急处置

发生瓦斯、煤尘爆炸事故后，现场人员立即启动现场处置方案，同时汇报调度室，报告事故地点和现场灾难情况。

并报告有关部门

现场人员迅速组织自救与互救，正确佩戴好自救器，按照井下避灾路线或根据具体情况从最近的安全路线迅速撤离到安全地点直至地面，清点人数，并汇报调度室。

要立即组织人员正确佩戴好自救器

引领人员按避灾路线到达最近新鲜风流中

撤离时，要快速、镇定、有序、低行；在撤退途中听到或感觉到爆炸声或有空气震动冲击波时，要背向空气颤动的方向，俯卧倒地，面部贴在地面。闭住气暂停呼吸，用毛巾捂住口鼻，防止把火焰吸入肺部。用衣服盖住身体，尽量减少肉体暴露面积，以减少烧伤。如巷道有水沟，现场人员应扑倒在水沟中，将毛巾沾湿捂住口鼻。

闭住气暂停呼吸 用毛巾捂住口鼻

如巷道中的避灾路线指示牌破坏或遗失，迷失行进方向时，撤离人员应朝着有风流通过的巷道方向撤退。

撤离人员应朝着有风流通过的巷道方向撤退

如巷道破坏严重，不知撤退是否安全时，应就近进入救生舱或永久避难硐室等待救援，必要时就近打开压风自救管路，利用一切可以利用的条件建立临时避难硐室，相互安慰、稳定情绪、等待救援。在撤退沿途和所经过的巷道交叉口，应留设指示行进方向的明显标志，以提示救援人员。

必要时就近打开压风自救管路

对于受伤不能行走的伤员，现场人员应协助其佩戴好自救器，帮助其撤出危险区，进入新鲜风流处或救生舱、避难硐室等安全区域，等待救援。对于窒息或心跳呼吸骤停伤员，必须先复苏后搬运，对于出血伤员要先止血后搬运，对骨折伤员要先固定后搬运。

进入避难硐室前，应在硐室外留设文字、衣服、矿灯等明显标志，以便于救援人员实施救援。

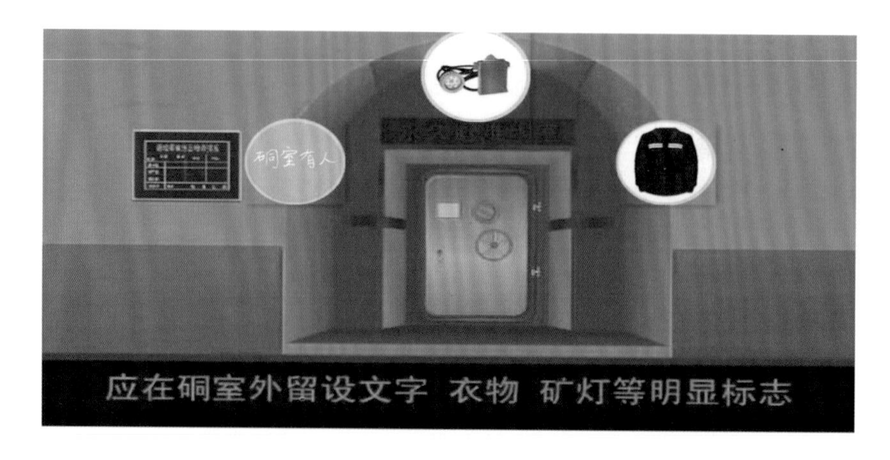

等待救援过程中要有规律地不间断敲击金属物、顶帮岩石发出呼救联络信号，以引起救援人员的注意，指示避难人员所在位置。调度室接到汇报后，立即启动应急预案，利用一切信息判断灾情发展趋势，制定救援方案，及时果断作出决定，下达救援命令。

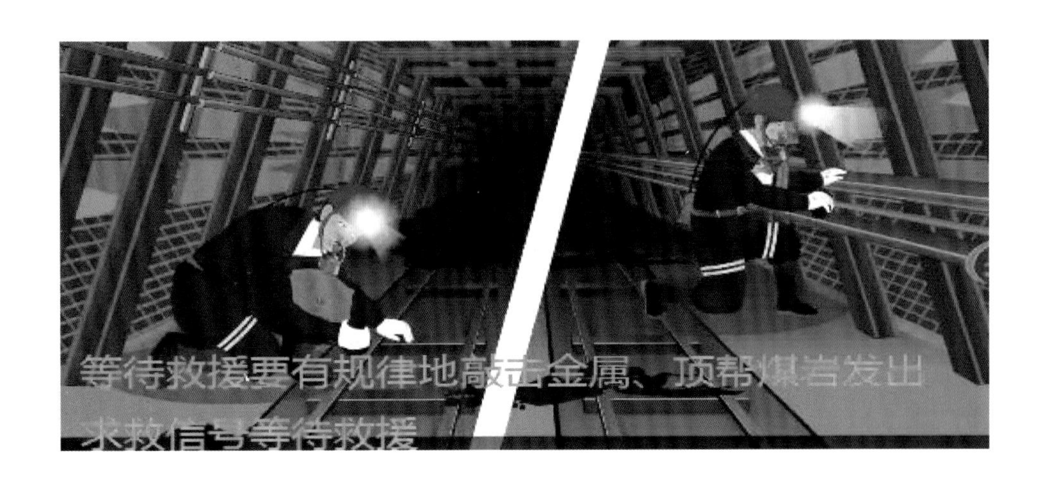

二、火灾事故应急处置

发生火灾事故后，现场人员立即启动现场处置方案，同时汇报调度室，报告事故地点和现场灾难情况。

矿调度室接到报告后，立即启动应急预案。应急救援指挥部要利用一切信息，判断灾情的发展趋势，制定救援方案，及时果断地作出决定，下达救援命令。

现场人员迅速组织自救与互救，正确佩戴好自救器。按照井下避灾路线或根据具体情况从最近的安全路线迅速撤离到安全地点直至地面，清点人数，并汇报调度室。

井下人员迅速了解或判明事故的性质、地点、范围和事故区域内的巷道、通风系统情况和风流及蔓延的速度、方向以及自己所处巷道位置之间的关系，确定撤退路线和避灾自救方法，有组织地撤退和避灾。

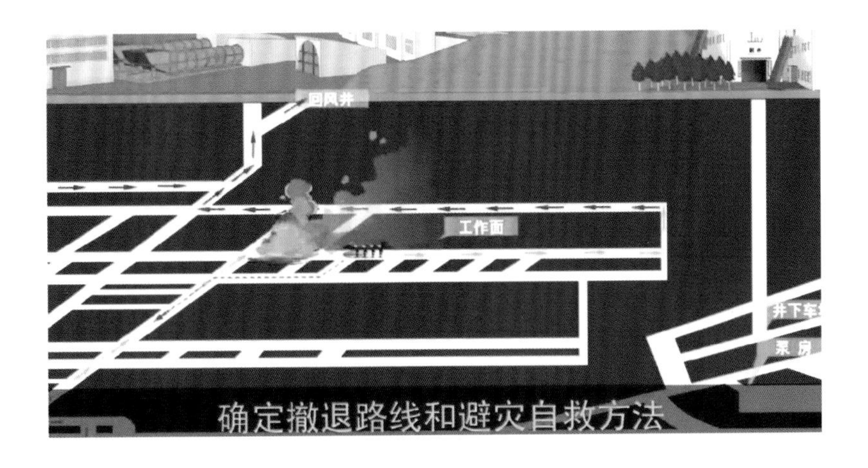

位于火源进风侧的人员要迎着新鲜风流撤退，位于火源回风侧的人员或是在撤退途中遇到烟气有中毒危险时，必须迅速佩戴好自救器，尽快通过捷径绕到新鲜风流中去或在烟气没有到达之前，顺着风流尽快从回风出口撤到安全地点。如果距火源较近而且越过火源没有危险时，也可迅速穿过火区撤到火源的进风侧。

如果在自救器有效时间内不能安全撤出时，应进入救生舱或避难硐室，换用自救器后再行撤退或等待救援，或就近开启压风自救管路后等待救援。

撤退要迅速果断，忙而不乱，靠近巷道有连通出口的一侧行进，避免错过脱离危险区的机会，同时要随时观察巷道和风流的变化情况，谨防火风压可能造成的风流逆转。

无论逆风或顺风撤退都无法躲避着火或火灾烟气危害时，要迅速进入避难硐室，没有避难硐室时应就近选择压风自救管路，快速构筑临时避难硐室进行避灾自救。

撤退途中如果有平行并列巷道或交叉巷道时应靠有平行并列巷道和交叉巷道口的一侧撤退，同时随时注意这些出口的位置尽快寻找脱险出路，在烟雾大视线不清的情况下要摸着巷道壁前进以免错过连通出口。

在有烟雾的巷道里撤退时，在烟雾不严重的情况下，应尽量躬身弯腰低着头快速前进，如烟雾大视线不清或温度高时，则应尽量贴着巷道底板和煤壁，摸着管道或轨道爬行撤退。

在高温浓烟的巷道撤退，还应注意利用巷道内的水，浸湿毛巾、衣物或向身上淋水等办法进行降温，改善自身环境或是利用随身物件等遮挡面部，以防高温烟气的刺激等。

在撤退过程中当发现有爆炸征兆时或当发生爆炸时，巷道内的风流会有短暂的停滞或颤动，有可能的话要立即避开爆炸的正面巷道，进入旁侧巷道或进入巷道内的躲避硐室，如情况紧急应迅速背向爆炸源，俯卧倒地，面部贴在巷道底板，闭住气暂停呼吸，用毛巾捂住口鼻，防止把火焰吸入肺部。用双臂或衣服等护住头面，尽量减少肉体暴露面积，以减少烧伤。如巷道有水沟或水坑则应顺势爬入水中，将毛巾沾湿捂住口鼻。

对于受伤不能行走的伤员，现场人员应协助其佩戴好自救器，帮助撤出危险区，进入新鲜风流处或救生舱、避难硐室等安全区域，等待救援；对于窒息或心跳呼吸骤停伤员，必须先复苏后搬运，对于出血伤员要先止血后搬运，对骨折伤员要先固定后搬运。

进入避难硐室前，应在硐室外留设文字、衣服、矿灯等明显标志，以便于救援人员实施救援。

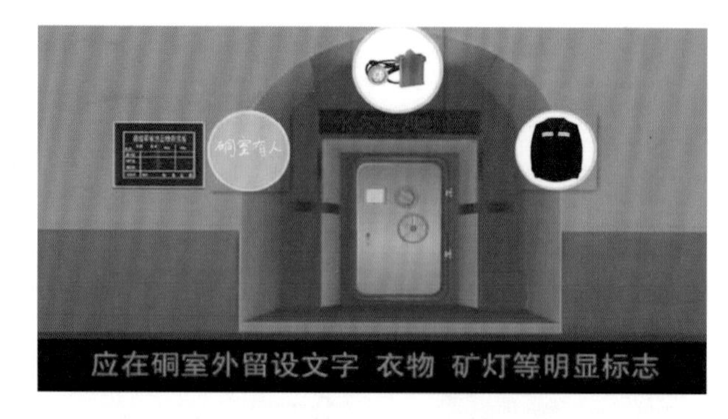

等待救援过程中要有规律地不间断敲击金属物、顶帮岩石发出呼救联络信号，以引起救援人员的注意，指示避难人员所在位置。

三、水灾事故应急处置

发生水灾事故后，现场人员立即启动现场处置方案，按水灾避灾路线安全撤离，同时汇报调度室，报告事故地点和现场灾难情况。

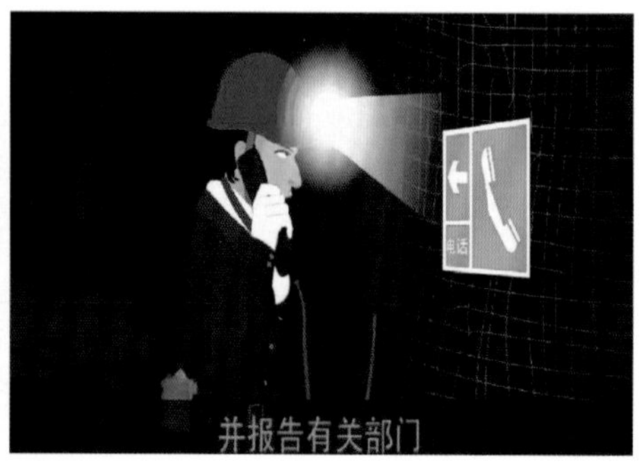

矿调度室接到报告后，立即启动应急预案。应急救援指挥部要利用一切信息，判断灾情的发展趋势，制定救援方案，及时果断地作出决定，下达救援命令。

发生透水事故后，现场作业人员应在可能的情况下，迅速观察和判断透水的地点、水源、涌水量、危害程度等并及时汇报矿调度室，按照避灾路线迅速撤退到透水地点以上的水平。

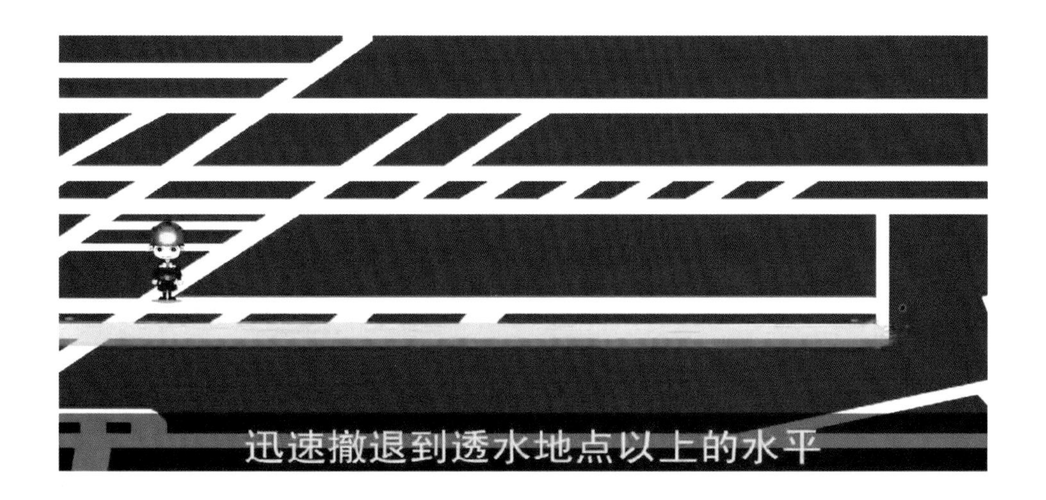

撤退行进中，应靠近巷道一侧抓牢支架或其他固定物体。尽量避开压力水流和泄水主流，并注意避免被水中滚动的矸石和木料撞伤。透水后巷道的照明和路标指示被破坏，导致迷失撤离方向时，遇险人员应朝着风流流通过的上山巷道方向撤退。在撤退沿途和所经过的巷道交叉口应留设撤退行进方向的明显标志，以提示救援人员。

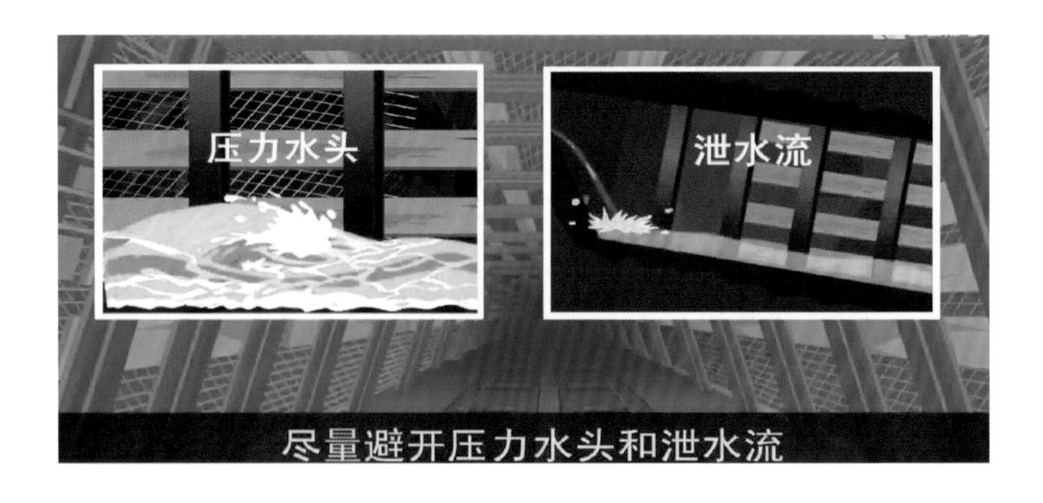

竖井人员撤离时，人员撤退到竖井，需攀爬梯子撤退时，要遵守秩序禁止慌乱和争抢。

当现场作业人员被涌水封堵围困无法撤出时，应选择就近避难硐室避灾或合适高处地点建立临时避难设施进行避灾，迫不得已时可爬上巷道中高冒空间待救。严禁进行盲目潜水逃生等冒险行为。

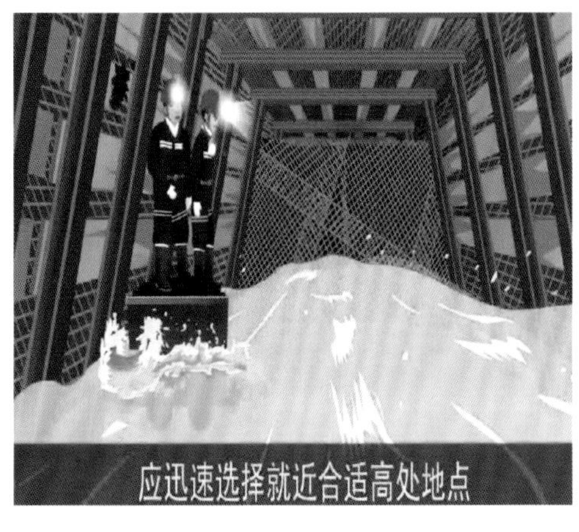

如老窑透水则需在避难硐室处建临时挡风墙或吊挂风帘，防止被涌出的有害气体伤害。进入避难硐室前应在外面设置或摆放明显标志或标记。

在避灾待救时，除轮流担任岗哨观察水情的人员外，其余人员应减少活动，避免体力下降和空气消耗。同时应用敲击的方法有规律地发出呼救信号。

被困后即使在饥饿难忍的情况下，也要努力克制自己不要嚼食杂物充饥。如需喝水时，要用纱布或衣服进行过滤。

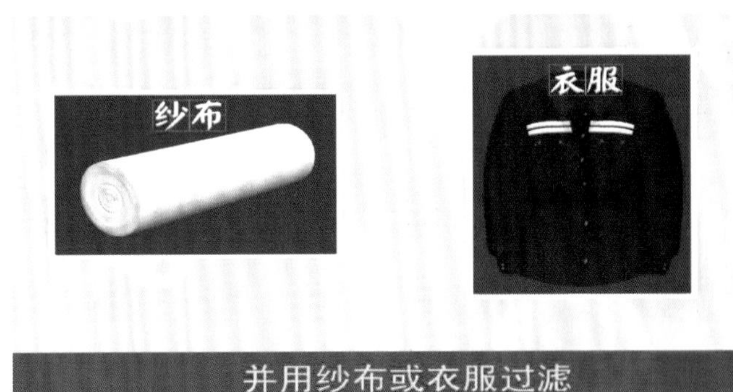

在被水围困避灾期间，遇险矿工要有良好的精神状态，要做好长期避灾的准备。发现救护人员来救时，要听从安排，上井前必须用毛巾蒙眼。

四、顶板事故应急处置

发生顶板事故后，现场人员立即启动现场处置方案，同时汇报调度室，报告事故地点和现场灾难情况。

矿调度室接到报告后，立即启动应急预案。应急救援指挥部要利用一切信息，判断灾情的发展趋势，制定救援方案，及时果断地作出决定，下达救援命令。

事故现场人员应迅速避开冒落区，寻找支护完好的地点避险或撤退到安全地点，妥善避灾，冒落基本稳定后遇险者立即发出呼救信号，积极配合外部营救工作进行脱险。

如撤离通道堵塞，应在顶板支护完好的地点避险。有条件的情况下，应采取临时支护措施，并不间断地敲打金属物如水管、道轨等，发出求救信号。

打开巷道内压风自救管路和供水施救管路，如自救施救管路破断，应有计划地使用饮水、食物和矿灯，做好较长时间避灾的准备，如周围有避难硐室，则进入避难硐室妥善避灾，等待救援。

明确并落实生产现场带班人员、班组长和调度人员直接处置权和指挥权，在遇到险情或事故征兆时立即下达停产撤人命令，组织现场人员及时、有序撤离到安全地点，减少人员伤亡。

扩大安全语音广播系统、有线和无线通讯系统覆盖区域，强化日常维护，确保灵敏可靠。做到命令下达及时、人员撤离迅速。

增设或升级改造机械运人设备，科学合理设置自救器中转站、临时避难硐室等设施，提高应急处置能力。

加强应急预案和现场处置方案培训，确保每一名下井职工熟练掌握避灾路线及事故预防、避险、自救和互救等应急处置知识和基本技能。

应急救援管理人员和矿领导应通过培训熟悉和掌握矿山事故抢险救灾方面的基本知识和战术指挥原则，并根据监测监控系统数据变化状况、事故险情紧急程度和发展态势，准确制定应急措施。

做好事故初期的应急处置，做到早预警、早响应、早处置。充分调动一切可能的力量，在确保安全的前提下组织抢救遇险人员，控制危险源，封锁危险场所，杜绝盲目施救，防止事态扩大。

根据受灾害威胁严重情况，配备必要的应急救援装备和物资，并加强装备和物资日常维护、维修、保养等环节的规范管理，保证应急物资齐全有效。

五、冲击地压事故应急处置

发生冲击地压事故后，现场人员立即启动现场处置方案，同时汇报调度室，报告事故地点、人员伤亡及现场灾难等情况，按照避灾路线撤离或组织开展自救和互救。

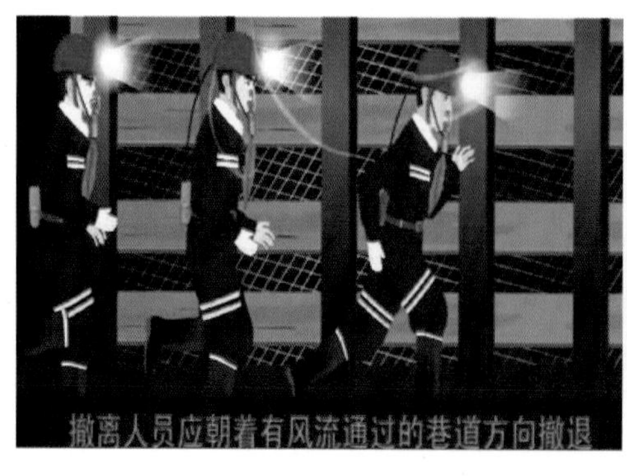

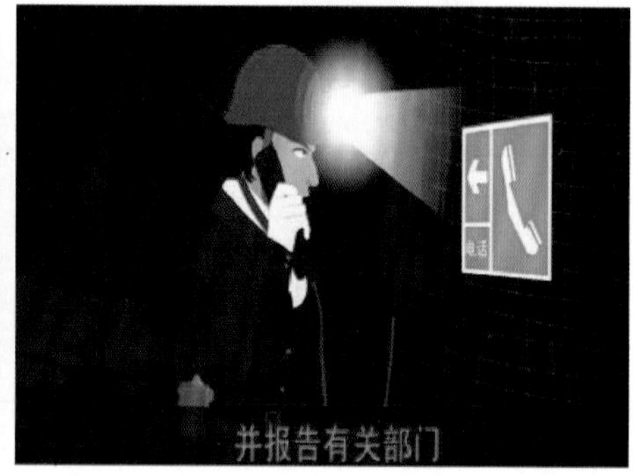

矿调度室接到报告后，立即启动应急预案。应急救援指挥部要利用一切信息，判断灾情的发展趋势，制定救援方案，及时果断地作出决定，下达救援命令。通过井下应急广播系统、无线通讯系统、调度通讯系统等，立即通知井下所有可能受事故波及区域人员撤离，利用井下人员定位系统对井下人员撤离情况进行监测，准确掌握井下人员撤离情况。

事故现场人员应迅速撤离冲击危险区域。回风侧人员应立即有序撤至新鲜风流处并设置警标，禁止人员入内。

如撤离通道被堵，应寻找支护完好地点避险，被困地点如有通讯装置，应立即汇报灾情，若无通讯装置应采取敲击轨道等有规律地发出求救信号，积极配合外部营救工作进行脱险。

打开巷道内压风自救管路和供水施救管路，如自救施救管路破断，应有计划地使用饮水、食物和矿灯，做好较长时间避灾的准备等待救援。

确定冲击地压能量、位置，分析判断冲击原因，对现场冲击危险性进行评估，冲击危险解除后立即实施应急救援工程。

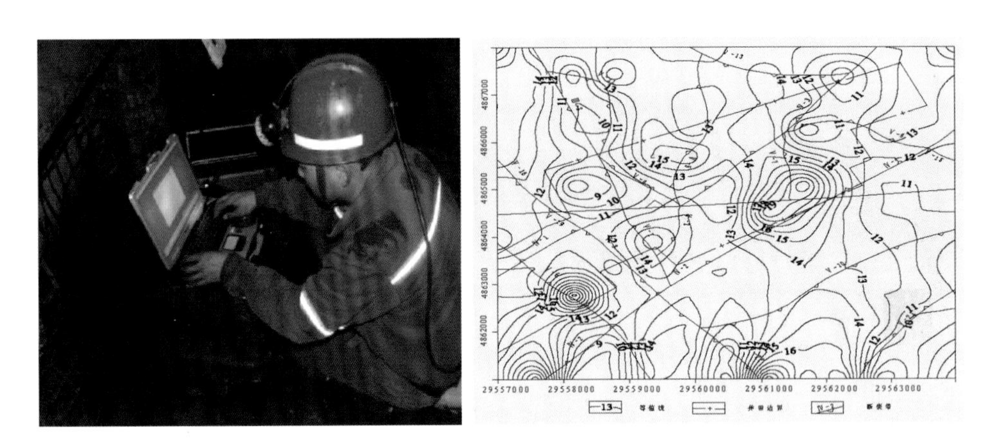

维护被困地点的生存条件，暂停向受冲击垮冒区附近机电设备供电，利用压风管、供水管及大钻孔等方法，向被困人员输送新鲜空气、水及食物。

根据被困人员所在位置，确定恢复垮冒巷道或打绕道等方法，到达遇险人员避灾地点进行抢救。

第三节 露天煤矿事故应急处置

一、水灾事故

立即抢救被水围困人员，撤出设备，对危险区域进行警戒。

向公司调度部门汇报情况。

拨打急救电话，抢救受伤人员。
积水淹没或浸泡的电气设施，应先断电，后抢救。
抢救可能被水淹没或淤积物掩埋的遇难遇险人员。
监测灾情，开展救援行动。

二、火灾事故

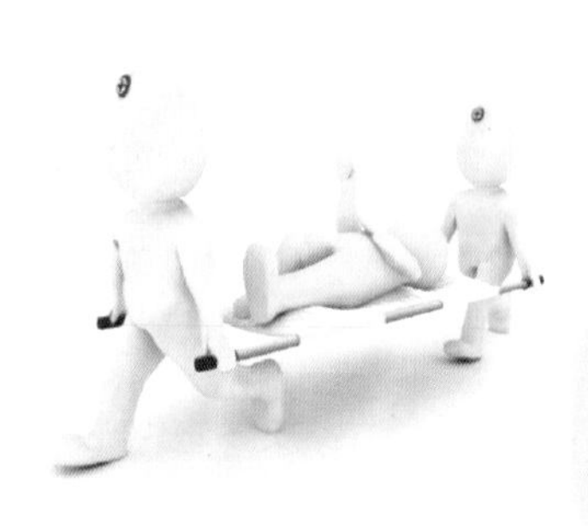

拨打火警电话：119。

事故发生后，组织职工开展自救、互救。

封锁事故现场，严禁一切无关的人员、车辆和物品进入事故危险区域。

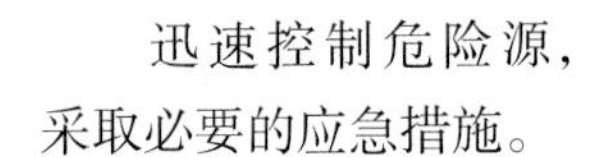

迅速控制危险源，采取必要的应急措施。

迅速切断火灾区域电源，再进行火灾现场处置。

在火情蔓延迅速、现场处置无效并可能发生爆炸或其他险情时，及时组织人员撤离火灾现场。

当火场出现有毒气体时，要迅速查明火场上毒气的性质、扩散范围、来源和数量，以此为依据来决定是否佩戴防毒面具和防护用具，安全地出入火场进行各种扑救工作。

爆炸物

当爆炸物品着火或火场上有爆炸物品时，要及时冷却并转移周边爆炸物品。

疏散时要防止摔、掷、抛、拖、拉。

对于爆炸物品的燃烧，可用水扑救。

油品类火灾应迅速切断火势蔓延的途径，控制燃烧范围，必要时应筑堤（或用围油栏）拦截飘散流淌的易燃液体或挖沟导流，设法移走易燃物、可燃物。

粉尘可用喷雾水流和采取通风稀释的方法。

要避免用直流水枪冲击和人力扑打，防止粉尘飞扬，发生爆炸。

发生电气火灾应快速切断电源，并注意与失火点保持安全距离以防遭电击。

可用干粉灭火器、二氧化碳灭火器灭火，不能直接用水灭火。

卡车着火时，燃油箱、液压油箱和轮胎作为重点扑救对象。

若燃油箱、液压油箱和轮胎着火，不允许使用灭火器靠近扑救，救援人员只能远距离用水炮和消防水枪喷射灭火。

三、边坡失稳事故

发现边坡雷达监测异常，立即报告调度及相关部门。

发现边坡有异常裂纹、物料滑动等现象时，立即组织人员撤离。

查找是否有人员和设备被掩埋，如果有，要判明被埋人员、设备的方位。

迅速调集吊车、挖掘机、推土机等设备进行抢救。

紧急救援时，应先救被埋或被困在设备内的人员，尽快设法使其脱离危险。

若用电设备被埋，应设法先切断电源，再进行救援，并在危险区域设置明显的标志。

调离危险区域内与救援工作无关的设备，防止边坡再次坍塌，必要时请求上级有关部门协助抢险救援或启动相应预案。

首先迅速判断事故发生地点 切断灾区电源

四、矿内交通事故

及时汇报矿调度

事故发生后，及时向调度及相关部门报告，并拨打急救电话。

车辆碰撞应立即熄火，防止损坏机器或造成燃料温度升高而起火爆炸。

在事故现场周围建立警戒区域，实施现场通道封闭或限制。

维护现场治安秩序，防止与救援无关的人员进入事故现场受到伤害。

保障救援队伍、物资运输和人群疏散等的交通顺畅。

五、机械伤害事故

发现受伤人员后，立即关停机械设备，向周围人呼救，使其尽快脱险。

现场人员及时汇报调度及相关部门，拨打急救电话，并安排专人接应救护车辆。

发现设备油料泄漏时，紧急疏散现场人员，严禁烟火及使用通讯工具等，将油箱漏油部位堵漏，用沙石、泥土等覆盖地面油污，使用设备配置的灭火器和就近消防器材进行扑救。

通知设备维修单位检查设备受损情况。

若发动机故障，切勿擅自启动。

六、触电事故

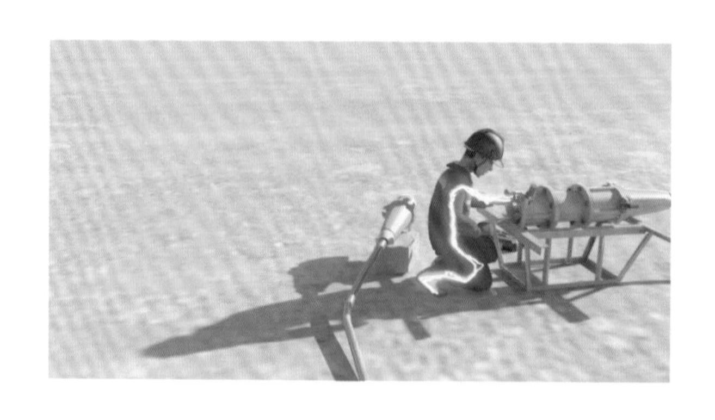

发生触电事故后，首先应切断电源并向四周呼救。

及时汇报调度及相关部门，拨打急救电话，并安排专人接应救护车辆。

触电者伤势不重、神志清醒时，应使触电者安静休息，不要走动。

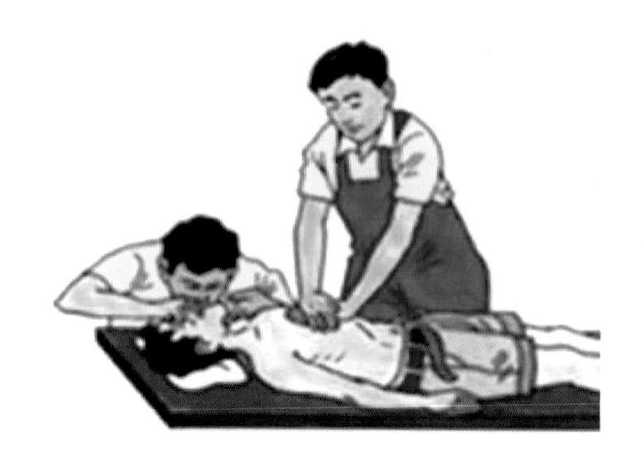

如果触电者伤势较重已失去知觉，但心跳和呼吸还在，应将触电者抬至空气畅通处，解开衣服，让触电者平直仰卧，并用软衣服垫在身下，使其头部比肩稍低，并迅速送往医院。

如果触电者伤势较重，呼吸、心跳停止，应立即采取口对口人工呼吸法及胸外心脏挤压法进行急救。

在送往医院的途中，不应停止抢救。

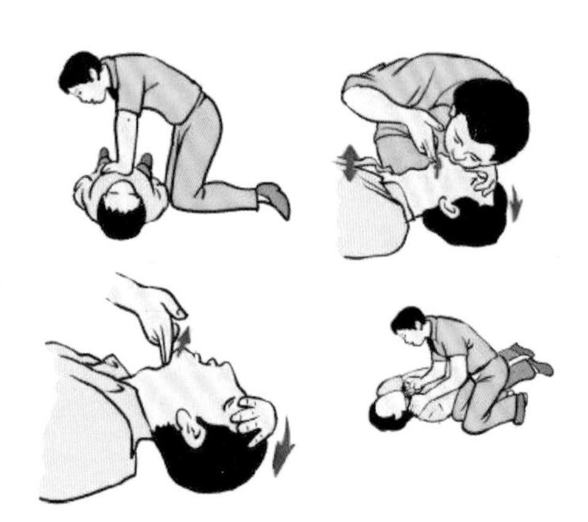

用有绝缘手柄的电工钳、干燥木柄的斧头、干燥木把的铁锹等切断电源线；采用干燥木板等绝缘物插入触电者身下，以隔离电源；当电线搭在触电者身上或被压在身下时，用干燥的衣服、手套、绳索、木板、木棒等绝缘物，拉开、提高或挑开电线，使触电者脱离电源，切不可直接去拉触电者。

立即通知有关部门停电。

用高压绝缘杆挑开触电者身上的电线。

触电者如果在高空作业时触电，断开电源时，要防止触电者摔下来造成二次伤害。

第二章 电力

发电企业生产建设过程中存在着锅炉炉腔爆炸、压力容器和承压热力管道爆炸、制粉系统爆炸、氢站爆炸、氨区泄漏爆炸、油库爆炸、储灰场的灰坝垮塌、风电机组倒塌、水电机组垮坝、生产建构筑物垮塌、生产区域火灾危险，也易出现触电、高处坠落、机械伤害、灼伤类人身伤亡事故。

第一节 发电厂高处作业事故应急常识

在发电厂机组检修中，高处作业属于风险较高的类别之一。如果不能采取有效的防护措施或者作业者认识不足，将造成严重的人身伤亡事故，高处坠落事故仍是电力行业的主要事故类型之一。

高处作业发生坠落时的处置

- 发生高处坠落事故时，立即停止工作，对受伤人员进行正确施救。
- 要将受伤人员转移至远离坠落点的安全地点，避免高空坠物造成次生伤害。
- 如果是洞口坠落，应立即封闭进出口，避免洞口处有掉落物或不知情的人员进入洞口造成次生伤害。

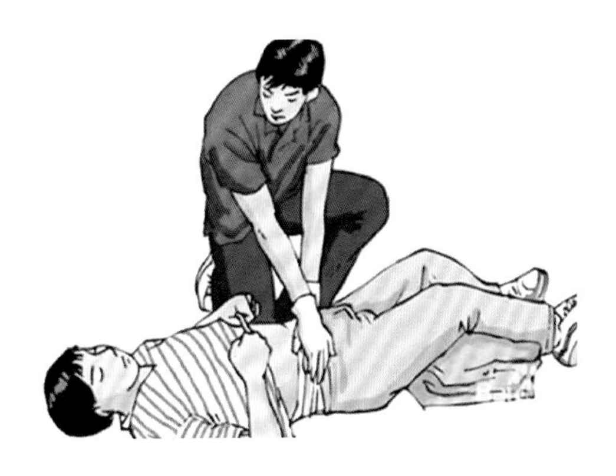

高处坠落内脏出血急救

- 坠落后可能有胸腹内脏破裂出血。受伤者外观无出血，但常表现面色苍白、脉搏细弱、气促、出冷汗、四肢发冷、烦躁不安，甚至出现神志不清、休克等症状。
- 应迅速使伤者躺平，抬高下肢，保持温暖，速送医院救治。若送院途中时间较长，可给伤员饮用少量糖盐水。

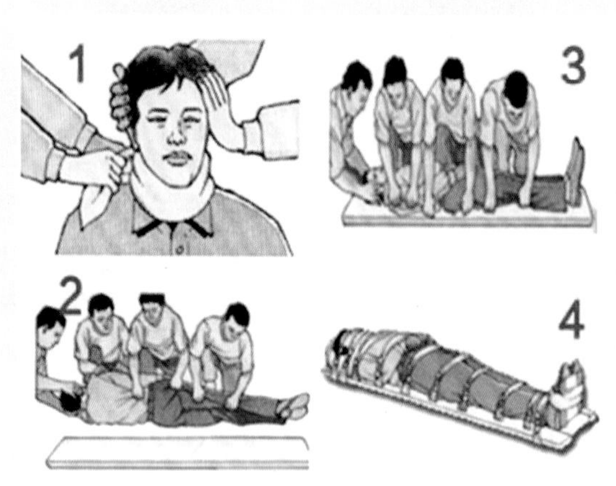

高处坠落腰椎骨折处置

- 腰椎骨折应使伤员平卧在平硬木板上，并将腰椎躯干及两侧下肢一同进行固定以预防瘫痪。搬动时应数人合作，保持平稳，不能扭曲。

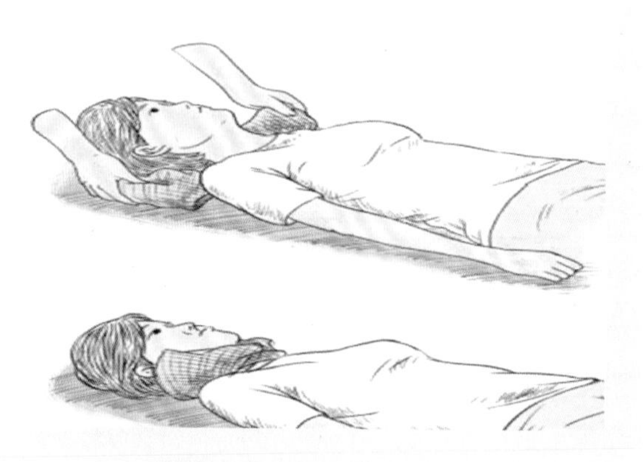

高处坠落颈椎损伤处置

- 疑有颈椎损伤，在使伤员平卧后，用沙土袋（或其他代替物）放置头部两侧，使颈部固定不动。
- 必须进行口对口呼吸时，只能采用抬颏使气道通畅，不能再将头部后仰移动或转动头部，以免引起截瘫或死亡。

高处坠落颅脑外伤急救

- 应使伤员采取平卧位，保持气道通畅，若有呕吐应扶好头部和身体，使头部和身体同时侧转，防止呕吐物造成窒息。
- 耳鼻有液体流出时，不要用棉花堵塞，只可轻轻拭去，以利降低颅内压力。也不可用力擤鼻，排除鼻内液体，或将液体再吸入鼻内。
- 颅脑外伤时，病情可能复杂多变，禁止给予饮食，速送医院诊治。

第二节　锅炉及高温、高压汽水管道、压力容器爆泄事故应急常识

事故现象

- 锅炉及高温、高压汽水管道、压力容器发生爆泄时会产生大量的高温水汽并伴有火焰。

- 发生锅炉及高温、高压汽水管道、容器爆炸时应立即向发生爆泄设备相反方向的紧急逃生通道撤离，非专业人员不得进入爆泄现场进行处置，防止造成人身伤害事故。

- 处置注意事项：查看处置高温、高压汽水管道、容器爆泄人员必须穿好防烫服，戴好防护面具、安全帽，否则不得进行处置工作。

第三节 液氨泄漏事故应急常识

应急要点

- 事故现象：液氨泄漏时，从泄漏处冒出大量的烟雾，周围环境有强烈的刺激性气味；泄漏处的设备、管线发冷，严重结冻。
- 处置注意事项：查看处置高压汽水管道、容器爆泄人员必须穿好防烫服，戴好防护面具、安全帽，否则不得进行处置工作。

● 人员疏散：人员用湿毛巾、口罩或衣物置于口鼻处逃生。有条件的应向逆风向逃生。

● 人员救护：中毒人员应立即送往通风处，拨打120急救电话。非专业救援人员，非消防车辆不得进入泄漏区。

● 应急处置：储罐泄露时应保持喷水，关闭出口阀门，若关不严时保持喷水至泄露完毕。

● 连接管路泄露时，必须关闭储罐出口阀门，然后处理连接处，仍然泄露时保持消防水喷水。

● 处置人员进行救援、操作时必须佩戴正压呼吸器、安全帽，穿防护服。

第四节 洪水灾害应急常识

处置注意事项

- 当洪水严重威胁到电厂及设备安全时，应立即将发电机组停止运行，并将设备从系统中断开。
- 迅速关闭进水口进水闸门以及机组快速门（主阀），切断机组供水。
- 检查厂用电源，保证电源可靠及厂内排水设备自动运行正常。

- 被洪水围困时，要迅速到附近的山坡、高地、屋顶、楼房高层、大树上等高的地方暂避。

- 要设法尽快发出求救信号和信息，报告自己的方位和险情，积极寻求救援。

- 落水时要寻找并抓住漂浮物，如门板、桌椅、木床、大块的泡沫和塑料等。

- 不要惊慌失措、大喊大叫；不要接近或攀爬电线杆、高压线铁塔；不要爬到泥坯房房顶上。

急救要点

- 对于因呛水或泥石流等导致受伤的人员，应立即清除口、鼻、喉内的泥土及痰、血，排除体内污水；对昏迷伤员，应使其平卧，头后仰，尽量保持呼吸道畅通，如有外伤，应采取止血、包扎固定等处理方法，并及时转送医院。

第五节　地震灾害应急常识

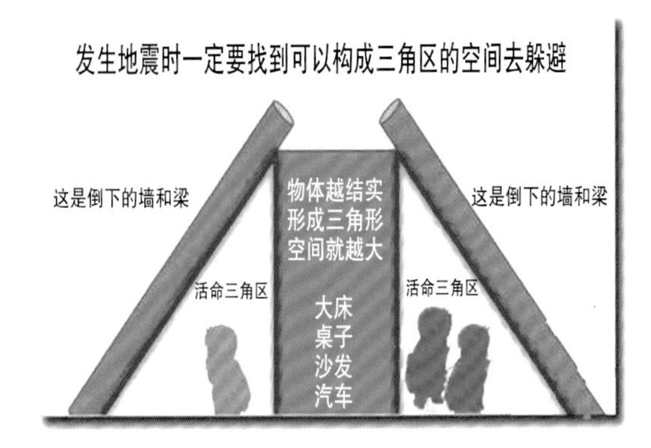

应急要点

- 发生地震时应按照“保人身、保电网、保主设备”的原则进行处理或避险。在设备上工作的检修人员应立即停止工作，躲在大柱子旁或较高大坚固设备下，或撤离到空旷的地域。
- 在室内，要选择易形成三角空间的地方躲避，可躲到内墙角或管道多、整体性好的卫生间、储藏室和厨房等处。不要躲到外墙窗下、电梯间，更不要跳楼。

避险要点

- 生产现场维护、检修人员立即停止工作，远离高压管道、电源或有可能带电的设备，撤离到空旷安全的地方。
- 在室外，要尽量远离狭窄街道、高大建筑、高烟囱、变压器、玻璃幕墙建筑、高架桥及存有危险品的场所。
- 暂时无法脱险时，要节省气力，静卧保持体力；不要盲目大声呼救；多活动手、脚，清除脸上的灰土和压在身上的物件。
- 无论在何处躲避，如有可能应尽量用棉被、枕头、书包或其他软物体保护好头部。

- 避险时要防高空落物伤人，所有人员撤离严禁乘坐电梯，不要盲目跳楼。楼梯往往是建筑物抗震的薄弱部位，要看准脱险的合适时机再从楼梯逃生。

第六节　滑坡、泥石流灾害应急常识

应急要点

- 当发生泥石流或滑坡，严重威胁到电厂及设备安全运行时，应立即将发电机组停止运行，并将设备从系统中断开。
- 巡视关闭进水口、进水闸门以及机组快速门（主阀），切断机组供水。
- 检查厂用电源，保证电源可靠及厂内排水设备自动运行正常。

- 发现有泥石流、山体滑坡，迅速向两边稳定区逃离，不要沿着山体向上方或下方奔跑。

- 不要躲在有滚石和大量堆积物的山坡下面，不要停留在低洼处，也不要攀爬到树上躲避。

● 迅速跑至开阔地带，选择平整的高地作为营地，不要在泥石流或雨水通道附近逗留。

第七节 瓦斯电站气体泄漏事故应急常识

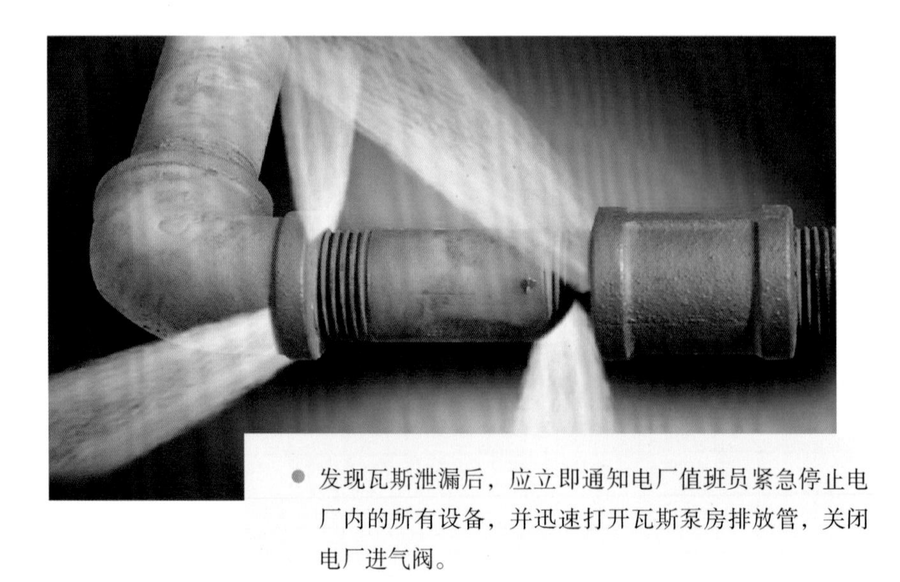

● 发现瓦斯泄漏后，应立即通知电厂值班员紧急停止电厂内的所有设备，并迅速打开瓦斯泵房排放管，关闭电厂进气阀。

● 切断厂区内所有电源。

● 立即通知瓦斯抽放泵站岗位人员，停止抽放泵的抽采工作，关闭瓦斯输送管道泄漏点上一级阀门。

● 应急人员进入现场必须佩戴专用防护用具。

● 阀门关闭后，无关人员不得擅自接近瓦斯泄漏点；专业操作人员应打开附近喷淋水龙头，对事故现场进行喷洒稀释。

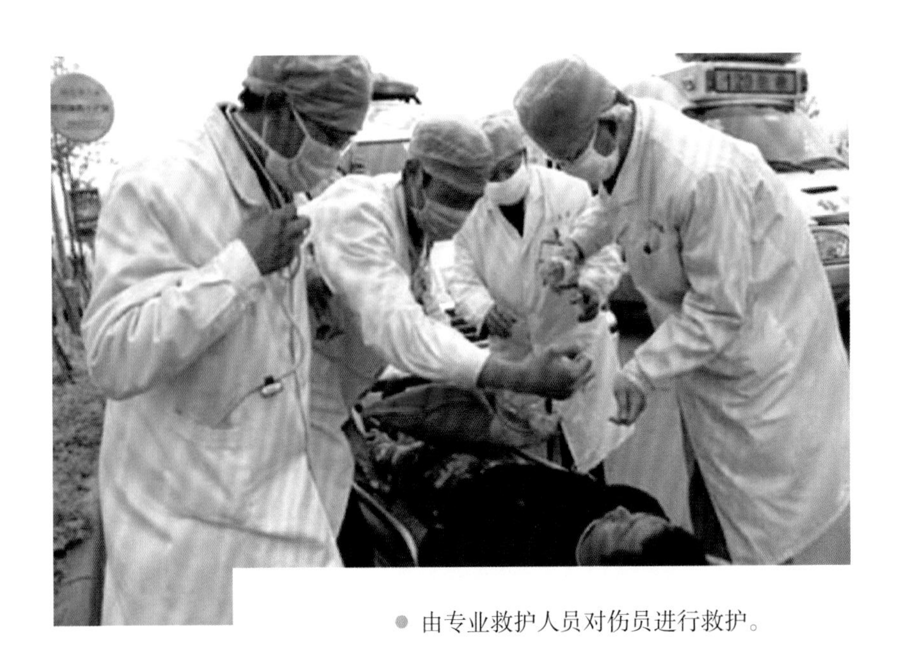

由专业救护人员对伤员进行救护。

第八节　发电厂火灾事故应急常识

应急要点

发电厂生产过程中会使用到大量可燃、易燃、易爆物质，如燃油、煤、氢气、电缆、绝缘油、润滑油及乙炔气和化学易燃易爆物品，而且使用中的环境条件差，极易引起着火爆炸，若控制措施不当或扑救不及时，一旦发展成火灾，后果极其严重。发电厂可能发生着火、爆炸事故的地方有锅炉燃油系统、汽轮机油系统、电力变压器、制粉系统和电缆系统。

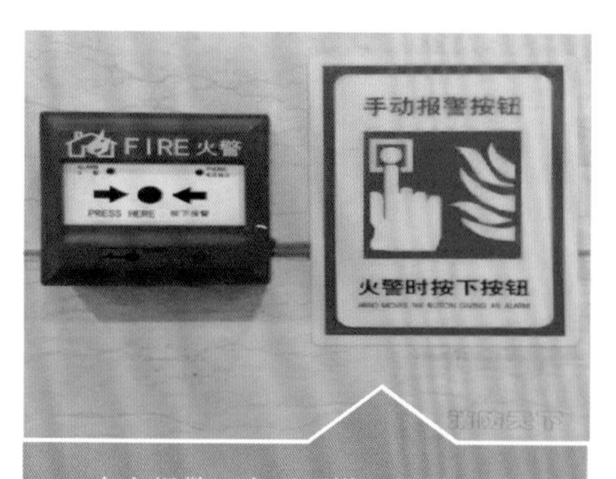

- 火灾报警：发现可燃、易燃、易爆或设备着火时，应立即拨打火警电话报警，并就地手动启动火灾报警器按钮。值班人员接到火灾自动报警系统的警报时必须就地核实。

- 切断电源：遇到电缆及电气设备着火时，立即判明着火电缆、设备所属的系统或走向，及时调整设备运行方式，切断着火电缆、设备电源。

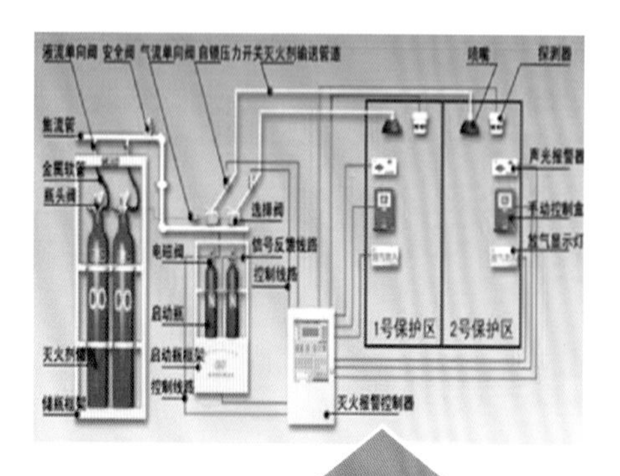

- 启动自动灭火设施，若气体消防、自动水喷淋灭火系统等自动灭火设施未自动启动时应立即手动启动。初起火灾，可组织义务消防员进行扑灭。

- 自动水喷淋灭火设施启动。

- 火场救援：进入火场应急救援人员应确认安全撤离路线，遇电气火灾必须穿绝缘靴，遇电缆火灾佩戴正压式呼吸器或防毒面具，防止触电、中毒、窒息，并避免烧伤、创伤。

- 逃生疏散：火势较大无法控制时或有爆炸危险时立即选择安全路线逃生，危及控制室时立即组织疏散运行人员。逃生时应选择有安全出口标识的路线，火灾情况下禁止使用电梯疏散或逃生。

- 伤员救护：遇有人员受伤时应优先救护受伤人员，将伤员疏散至安全地点，等待医疗救援。

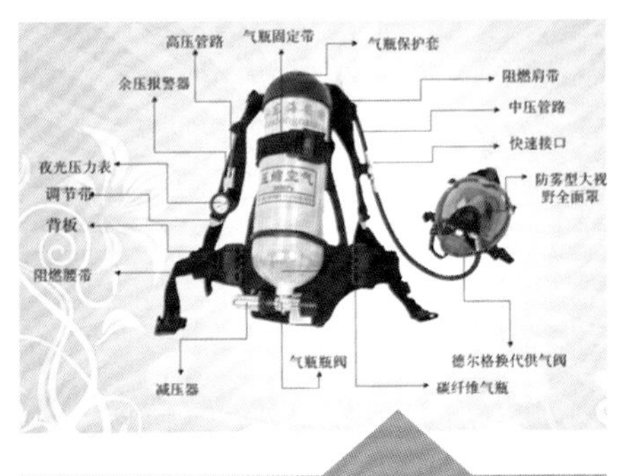

火灾时正压式空气呼吸器的佩戴：

- 操作人员将空气呼吸器背负在背上。
- 调节肩带、腰带。
- 打开气瓶阀两圈以上，查看压力表。
- 佩戴面罩并收紧头带（先下后上）。
- 深吸气激活需求阀，操作完成。

佩戴完成后检查

- 气瓶阀开关是否旋转两圈以上。
- 面具与脸部结合处是否泄气。
- 腰带、肩带松紧是否合适（以伸进三个指头为准）。

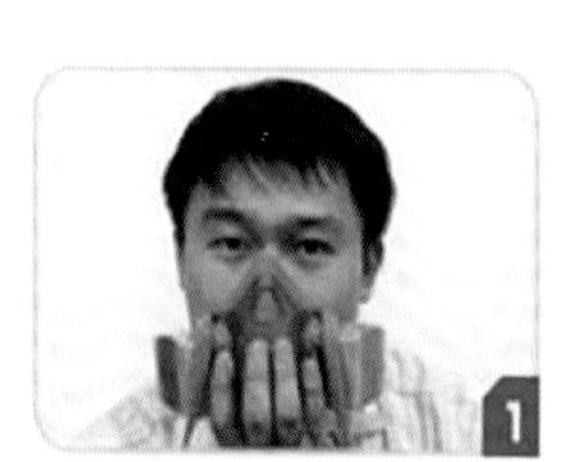

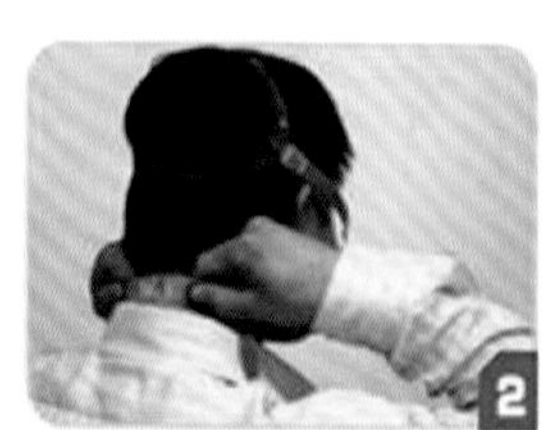

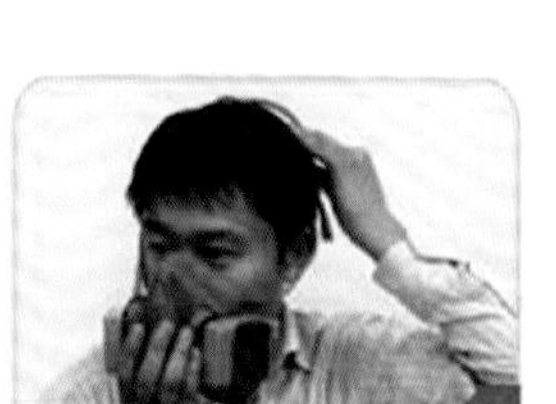

火灾时防毒面具的使用

- 将面具盖住口鼻，然后将头带框套拉至头顶。
- 用双手将下面的头带拉向颈后，然后扣住。

电气火灾必须带电灭火时的注意事项

- 二氧化碳、干粉灭火器所用灭火剂不导电，可以用来带电灭火。
- 灭火器本体、喷嘴及人体应与带电体保持足够安全距离。
- 使用二氧化碳灭火器时，保证通风良好，要适当远离火区，手握喷嘴提手，防止喷出的二氧化碳沾到皮肤。

第九节　风力发电机组火灾事故应急常识

风力发电机组升压变压器着火，可导致变压器本身烧毁，机组失电。风力发电机组发生火灾事故主要影响机组本身，可能导致机组部分元件损毁，严重时可导致机舱、轮毂、叶片等大部件损毁。

- 自救互救：当风力发电机组发生火灾时，应立即停机并切断电源，迅速采取灭火措施，防止火势蔓延。

- 扑救初起火灾：立即使用消防器材扑灭初起火灾和控制火源。注意：初起火灾较容易扑灭，一定要正确判断，迅速处置。

现场处置

- 发现风力发电机组起火后，应断开风力发电机主开关，停止机组运行。在具备条件的情况下，由检修值班长组织人员灭火，灭火应使用干粉灭火器进行扑救。如机舱发生火灾，应将附近人员全部撤离，并上报场长，请求县消防队支援。

火灾处置注意事项

- 在灭火时，严禁没有把握的蛮干和硬拼，预防和避免二次事故的发生。
- 在保障安全的条件下，佩戴完善的安全防护用品，再进行火灾的扑救。
- 当火场内有爆炸、喷溅等危害因素时，应有采取防止火场突变情况的隔离措施。

灭火后的处置

- 事故现场保留痕迹，保证消防救援通道畅通，隔离现场，悬挂安全标识牌。

第十节 风力发电机组倒塌事故应急常识

当风力发电机组发生倒塌事故时可能会对检修作业人员、附近人员造成伤亡事故，也可能会导致机组各部件损毁，还可能造成附近集电线路跳闸或引起风力发电机大面积脱网。

风力发电机组倒塌处置

- 发生倒塌事故，应立即断开事故风力发电机组所在的集电线路电源。
- 发生风力发电机组倒塌事故确保安全的情况下，在事故风电机组周围安全区域内设置警戒带，防止周围居民及其他无关人员进入。保护好事故现场，在事故调查组未进入现场前，任何人不得进入事故现场进行任何工作。
- 根据现场实际，采取工程抢险等安全技术措施，防止事故扩大。
- 如发生事故时有人员伤亡，立即组织救援人员注意自身安全，穿戴好个人防护用品，防止再次发生险情对人身造成伤害，并应迅速了解人员伤亡数量，受伤人员受伤部位、严重程度，受困人员人数等情况。
- 根据事发现场情况，启动相应等级应急预案。

第三章　运输

运输企业主要存在铁路交通相撞、冲突、脱轨、分离、港口筒仓储运、设备损坏、火灾、人身伤害等事故风险。

第一节　铁路机车车辆事故应急常识

铁路机车车辆脱轨救援一般采用“拉、顶、吊、翻”的方法，机车车辆轮轴抱死救援一般采用抬轮器维持站内处理的方法，根据事发现场的机车车辆类型、线路状况、事故类型、脱轨数量、设备损坏程度等条件，合理确定救援方案，以保证在最短时间内开通线路，将损失降到最低。

一、拉复法

使用工具为复轨器。发生脱线的机车、车辆走行部良好，脱线距离较近时，采取拉复法比较适用。需要使用拉车绳、套钩，牵引用的动力机车或液压牵引机。

1. 使用“人”字形复轨器

- 第一步：根据拉车方向，采取左“人”右“入”的安装方法，将相应的左右两片复轨器摆放在同一根轨枕上方，前方卡在钢轨的上面，复轨器后部牢固安放在轨枕侧面。

● 第二步：把穿销螺栓从轨底下穿过，并在复轨器下方的安装孔内穿过，上好开口销紧固，并打好锲铁。

● 第三步：在脱轨车轮的复轨走行通路上铺垫必要的石砟，并有一定高度。

2. 套钩安装

● 第一步：在脱线车辆和救援机车相连接一端的车钩上分别安装套钩。

● 第二步：上好固定卡铁和紧固螺丝。

● 第三步：分别将钢丝绳的两端安装在机车和车辆端的套钩上，并用锁铁固定。

● 第四步：安装完毕进行拉复。

二、顶复法

使用工具为液压起复机具和专用千斤顶。适用于隧道内、桥梁上、电网下的救援起复，作业空间狭小的地点能发挥作用。

使用汽油机液压顶复

- 第一步：确认汽油机泵站的燃油（机油、汽油、液压油），确认换向阀手柄置于中立位，卸荷阀处于卸荷状态。

- 第二步：将脱线车辆做好防溜、防护措施，安装索具，捆绑事故车辆转向架。

● 第三步：确定起升支撑点，安装起复设备。在支撑点下方铺设横移梁，横移梁与轨枕间用枕木垫实后，依次放置横移小车、起升油缸、油缸冒，并连接液压胶管。

● 第四步：启动汽油机泵站，操作多级油缸的换向阀、卸荷阀负责起升车辆，操作横移油缸的换向阀、卸荷阀负责横移车辆，至车轮达到复位要求，将油缸下落，车辆复位。

三、吊复法

使用工具为轨道起重机、大型汽车起重机。根据事故现场的实际情况，使用适当吨位的轨道起重机或大型汽车起重机。下面以 NS1601C 轨道起重机为例进行介绍。

1. 捆绑索具

（1）选择车轴上方位置将索具挂钩扣挂在车辆中梁上。

（2）通过索具链条绕车轴一周，将车体与车轴连接锁死。

2. 打支腿

根据现场地理位置选择支腿的跨距：

（1）6 m × 10.6 m；

（2）4.8 m × 11.3 m；

（3）不打支腿。

3. 吊复（举例利用支撑梁吊复车辆）

（1）将支撑梁上绳套挂在吊钩上。

（2）吊机回转至车辆上方中间位置。（注：吊机回转时，支撑梁两端吊绳应由专人拖、拉，以免刮蹭绳索）

（3）吊机回转到车辆上方重心位置后，指定专人（4人）进行边梁挂钩（4个边梁挂钩分别挂在相应对称的位置）。

（4）由专人托住挂钩，吊钩起升，待吊绳受力拉直，检查挂钩及台车索具状态良好后，所有人员撤离到安全地点。

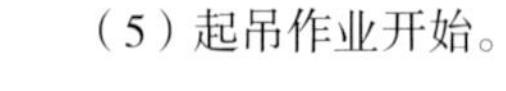

（5）起吊作业开始。

四、侧翻清除法

使用工具为轨道起重机、拖拉机等其他牵引机械。根据事故现场的实际情况，采取侧翻清除法时，向线路两侧较低地方侧翻，把车辆拉出线路限界以外，尽快开通线路。

1. 侧翻工具使用安装示意图

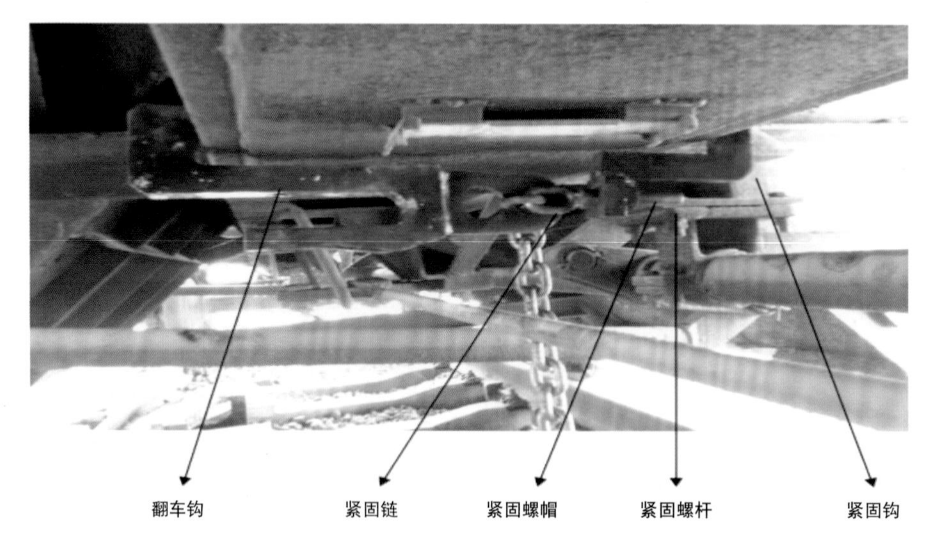

2. 安装步骤

（1）翻车钩、紧固钩按上图安装在货车中梁上。

（2）将紧固螺杆穿过紧固钩上的孔内，拧上紧固螺帽。

（3）紧固链穿过翻车钩，调紧链条。

（4）拧紧紧固螺帽，防止紧固钩和翻车钩脱落。

（5）翻车钩安装完毕。

3. 翻车示意图

（1）翻车绳挂装图。

（2）翻车示意图。

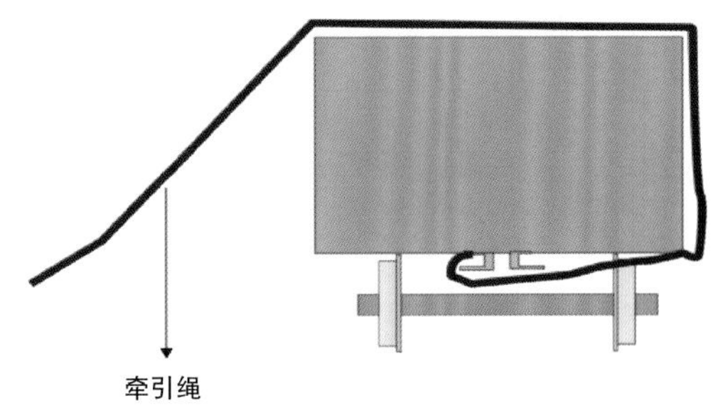

五、机车车辆轮轴抱死应急救援常识

1. 举例使用 CT 车辆抬轮器

适用于车辆在区间发生轮轴抱死故障时，在车轮下方安装抬轮器，维持运行到站内停车处理。

2. 操作程序和使用方法

（1）用油压千斤顶放在故障车轴的下方铁垫块上，安上顶托，将故障车轴顶起。

（2）在故障车轴的下方安装抬轮器的两个轮对和承重铁，并将两块侧板梁用穿销轴固定，紧固安装固定顶丝。

（3）落下和撤除车轴下方的千斤顶。

第二节 港口事故应急常识

一、防风应急常识

（1）当风力达到13.9～17.1米/秒（7级）时，应立即停止一切生产作业，并向值班长报告。各岗位关闭好门窗，做好防风措施。

（2）单机司机在巡视工或其他人员的指挥下将单机开到各自锚固位置，大臂归零。

（3）单机司机配合巡视人员将臂架、回转、行走装置锚固完毕后，放下电动铁锲或夹轨器；尾车与地面皮带过渡处挂上皮带防风链；单机锚固完毕后，单机司机及时向值班长汇报，然后将单机电源切断，关闭好门窗，撤离单机。人员从单机撤离时，手扶栏杆，沿人行通道迅速撤离，注意站稳扶好，确保人身安全。

（4）皮带机挂上防风链。装船指导员通知船方紧缆，做好防风准备。船上的指导员、舱口指挥工不要盲目行动，在不能保证安全的情况下不得擅自离船。

二、防雷电应急常识

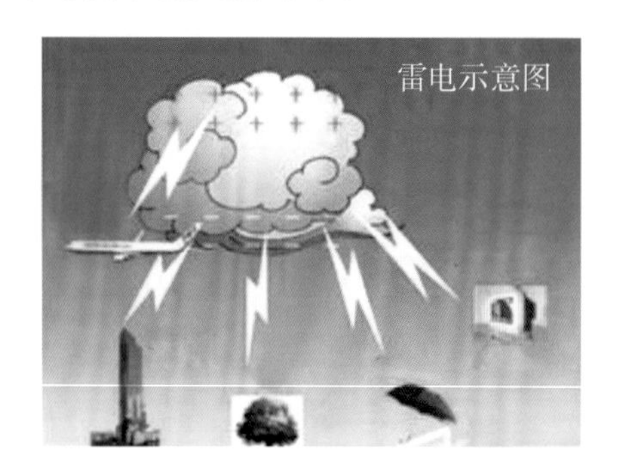

（1）雷雨天气时，各岗位人员做好防雷准备，禁止或减少室外活动；禁止靠近带电物体；禁止停留在高处和无防雷设施的地点；不要停留在空旷场所，不能手持金属工具，不要在铁栅栏、架空金属体及铁路轨道附近逗留；远离电线杆、铁塔等。雷雨天气时，各岗位人员应减少使用通讯设备以防雷击。

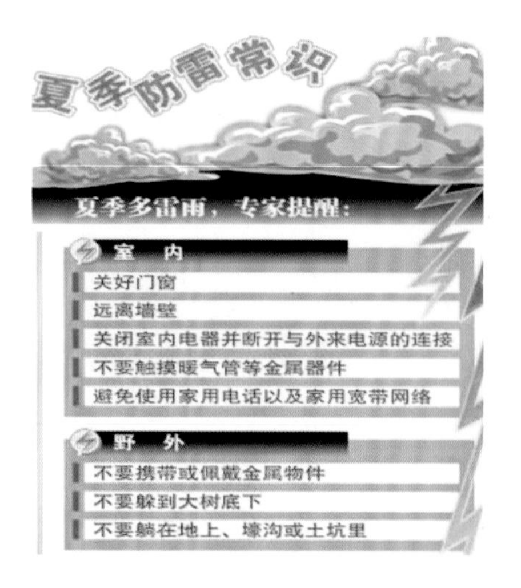

（2）室外遇强雷雨，一是分别选择最低处，双脚并拢蹲下，弃去身上金属导电物体；二是不要靠近电杆、高塔、大树、烟囱以及墙根避雷接地装置，不要接触金属管线、电线、火车轨道，以防旁侧闪烙、接触电压和跨步电压；三是就近进入房间内躲避。

（3）如有人员遭受雷击，应及时拨打急救电话，同时以心肺复苏法和人工呼吸进行现场应急抢救。

三、防暴雨应急常识

（1）雨季来临前，应加强防洪防汛排查，排查出的隐患或问题及时整改到位，储备好防洪防汛物资；单机司机要对雨刷器及时点检，发现损坏及时报修。

（2）暴雨来临时，单机司机在作业时应密切关注现场设备运行情况。当发现雨势太大对煤流造成影响，皮带出现打滑故障，室外作业人员不具备作业条件时，单机司机要及时停止作业并报告值班长。

（3）当雨势过大，视线严重受影响时应停止驾驶车辆，必须驾车出行的要加强监护。

（4）值班长要安排专人对各生产区域进行巡查。密切关注堆场、翻车机基坑的排水情况，是否存在倒灌现象。一旦发现存在倒灌的可能性，检查排水，增加泵组，并用沙袋堵漏。

（5）密切关注各建筑物，特别是各变电所是否漏水。一旦发现存在漏雨情况，封堵漏雨部位，及时清理积水。

（6）暴雨过后，恢复作业以前必须先排除皮带上的积水，并安排专人清理生产系统各部位的积水，隐患排除后方可安排生产作业。

四、防大雾应急常识

（1）生产作业时，装船指导员和舱口指挥工加强监护，做好自保互保。雾特别大时，应停止作业并报告生产指挥中心。

（2）车辆驾驶时，雾天应减少驾驶车辆外出巡查次数。因工作需要驾车外出时，行驶车辆时打开车辆前、后雾灯，必要时开启大灯，行驶速度不大于 10 千米 / 小时。转弯时要鸣喇叭，打转向灯，前后车辆距离保持在 20 米以上。

五、防大雪应急常识

（1）大雪天气严重影响视线时，应停止装船作业。雪天攀爬大机、皮带栈桥、上下船时要谨慎，防滑防跌。

（2）遇到大雪天气时，应加强对皮带沿线的巡视次数，随时了解和掌握皮带情况，及时对皮带积雪进行清理。必须在确认积雪清理完毕，对皮带没有影响时方可启动皮带。

六、筒仓应急常识

1. 基本常识

（1）当现场人员发现事故征兆时，要立即拨打火警电话或是按下筒仓消防栓处的消防手报，同时报告值班长，并开展自救和初起火灾补救。中控人员通过筒仓监控系统发现火情或火险后，要立即拨打火警电话，同时报告值班长。

（2）值班长接到通知后，应立即通知皮带巡视员核实现场火情、扑救初起火灾。同时拨打火警电话，并报告部门经理，部门经理通知部门相关人员快速集结，投入应急行动。

（3）发生火灾事故后，现场人员要正确判断着火部位和着火介质，根据不同类型的火灾，使用现场消防设施、器材，采用不同的灭火方法，及时扑救、冷却，撤离周围易燃可燃物品等控制火势。筒仓内煤炭一旦自燃，参加处置人员必须佩戴防一氧化碳防毒面具。

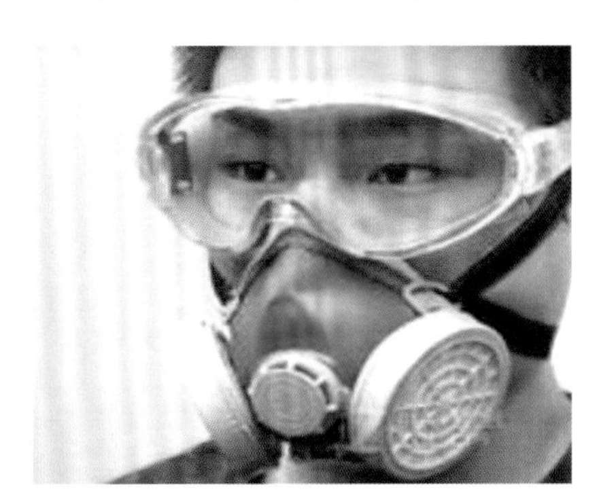

2. 筒仓电气设备火灾应急常识

（1）因电气设备故障引发的筒仓仓顶、筒仓底部火灾，要先切断电源，使用干粉灭火器进行初起火灾扑救，确认电源切断后可使用消防水进行扑救。

（2）仓顶发生火灾，在切断电源后，可启动消防泵，操作仓顶消防炮进行灭火。

（3）筒仓附属设备、设施发生火灾，要根据具体情况确定是否需要切断电源，利用现场的消防栓、灭火器和消防炮等设施扑救初起火灾。

3. 筒仓内火灾应急常识

（1）筒仓内一氧化碳报警，报警器应设两级报警，低报警值为 24 ppm（1 ppm=10^{-6}），高报警值为 70 ppm。

（2）当监测一氧化碳浓度达到报警值 24 ppm 时，自动联锁启动筒仓顶部防爆风机，排风机将仓内气体向外界排放；当报警值持续不下降时，中控调度员应通知现场巡视人员，现场人员使用便携式一氧化碳检测器进行检查；达到高报警值时，巡视人员应佩戴一氧化碳防毒面具进行检查和监护；一氧化碳浓度达到 200 ppm 时，值班长应组织现场人员立即撤离。

（3）当一氧化碳气体浓度达到低报警值时，经巡视核实后，中控调度员应报告值班长，值班长立即报告生产指挥中心，由生产指挥中心尽快组织将仓内储煤倒运至堆场或联系适装船舶装船。

（4）中控调度员应随时关注筒仓储煤温度变化，达到预警温度 50℃时，应立即报告值班长，值班长上报生产指挥中心，由生产指挥中心尽快组织将仓内储煤倒运至堆场或联系适装船舶装船。

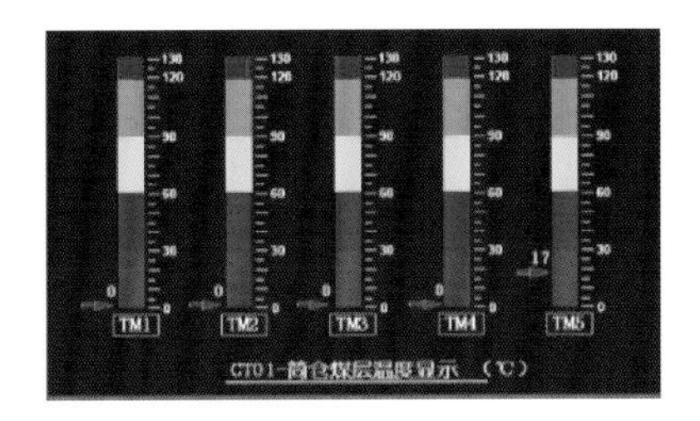

（5）当仓内产生大量烟雾，说明筒仓内存煤燃烧（明火燃烧或阴燃），巡视人员应立即通知中控调度员停止通风机，以防止助燃，并立即报告值班长。值班长接到火警报告后立即拨打火警电话，并立即组织筒仓区域（事故影响范围内）现场人员撤离，同时报部门经理。

（6）部门经理立即报告生产指挥中心，由生产指挥中心尽快组织将仓内储煤倒运至堆场或联系适装船舶装船。值班长要安排专人在流程沿线负责巡视、监护、洒水灭火降温。堆场和码头适装船舶也要安排专人负责监护、洒水灭火降温。

七、煤炭堆场火灾应急常识

（1）浇水灭火。关键是一次性将火扑灭。煤垛灭火不彻底主要有两个原因，一是水量不够，已浇的水在高温的作用下变成湿热蒸汽，反而促使垛温上升，同时在化学作用下产生一氧化碳可燃气体挥发，导致大面积自燃；二是自燃的块煤粒度较大，在局部火势较旺的情况下，浇水时只把块煤表面火熄灭，而块煤内温度仍较高，当水量不足，表面熄灭后，在良好的通风条件下，这些表面熄灭的块煤很快复燃，从而导致灭火失效。

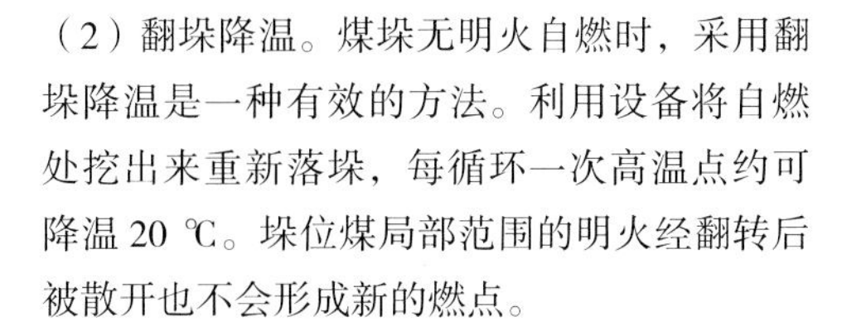

（2）翻垛降温。煤垛无明火自燃时，采用翻垛降温是一种有效的方法。利用设备将自燃处挖出来重新落垛，每循环一次高温点约可降温 20 ℃。垛位煤局部范围的明火经翻转后被散开也不会形成新的燃点。

八、港口溢油处置应急常识

（1）发现人在发现溢油后应立即向值班长报告。现场调度立即通知液化码头门岗在现场泄露点 50 米半径区域设立警戒区，指挥码头操作工就近取消防器材并处于上风向或安全有利位置，做好消防队到达前的防火工作，同时时刻注意溢油漂移方向。

（2）处置措施一——防溢油。码头操作工班长负责指挥 2 名码头操作工接应应急物资，随后带领 2 名码头操作工执行围油栏的围堵、调整工作，1 名码头操作工负责吸油毡、消油剂的布放、抛洒工作。对低凝点油品立即用吸油毡进行吸附收集，同时对油面区域喷洒消油剂；对高凝点油品除立即组织人员用消油剂、吸油毡进行处理外还应用拖油网等其他自制收油工具收集。发生大面积溢油污染时除立即报告中控外，还应在围油栏围堵前提下，使用收油机回收溢油。

（3）处置措施二——防泄漏。值班长接到报告后立即通知技术组，安排现场人员做好防护并关闭码头阀门后，与现场人员一起处理。法兰连接、垫片等发生轻微滴漏，由现场人员在监护员的监护下进行紧固处理。现场调度员负责泄漏现场的控制。技术组接到命令后，立即赶到现场，在现场指挥的指挥下，进行防护处理。发生大面积泄漏时，由中控通知门卫，对化工码头实行戒严。在生产中的应立即按规程停机，关闭上下游阀门，值班长按程序上报物流中心液化组长并通知技术组，技术组立即进行抢修，对泄漏点进行封堵。

第三节　大型养路机械事故应急常识

大型养路机械主要从事铁路线路的清筛、捣固、整形、稳定等作业。在以上作业中，主要是无缝线路地段作业、曲线地段清筛捣固作业、跨管段转场运行、附属车辆消防管理、超范围施工和隧道清筛作业等存在重大生产安全风险。

清筛车

捣固车

配砟整形车

动力稳定车

一、大型养路机械应急处置流程图

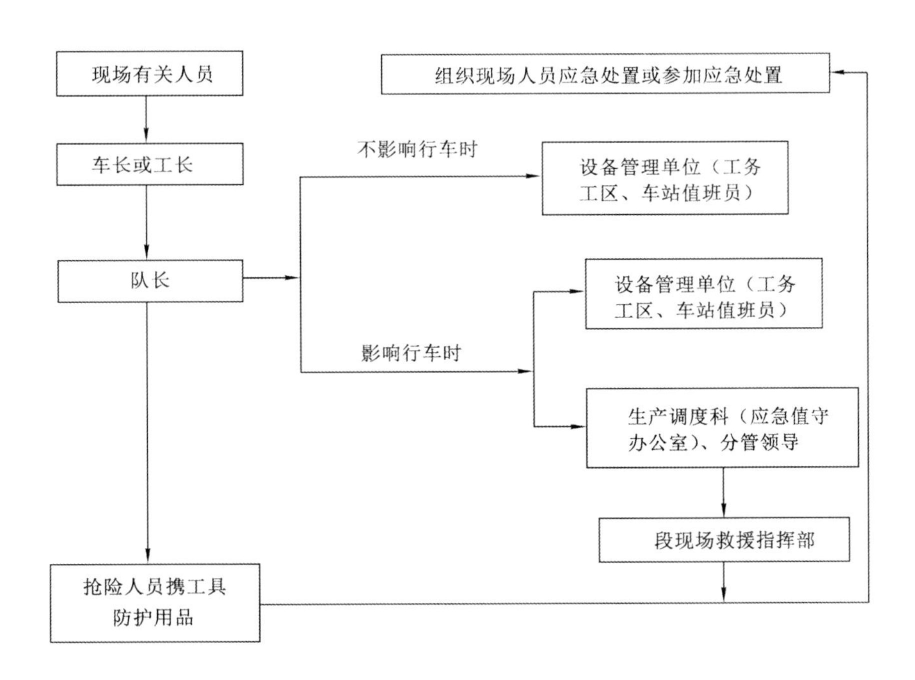

二、起复救援操作步骤

（1）大型养路机械在作业中出现掉道时，应立即停止作业，工班长立刻向现场施工负责人报告，根据事故类型及时启动相应等级应急预案，做到统一指挥、分工明确，迅速组织开展起复救援工作。

（2）起复前应设好本车防溜，被救援车两端设置专人防护，作业队或工区全体人员应积极配合起复救援工作。

（3）按照现场救援指挥人分工安排，迅速准备起复救援工具。

（4）起复过程中，严格遵守应急预案操作流程，认真执行现场指挥人的指示，并指派专人盯控索具的捆绑情况及车辆起复动态，发现异常，立即停止起复。

（5）起复救援结束后，收拾好工机具，清理好工作现场，及时恢复线路。

第四章　煤制油化工

煤制油化工属高危性行业，生产工艺复杂、自动化程度高、连续性强，原料、中间产品及产品多为危险化学品；在生产、储存、使用和运输过程中，存在着高温、高压、低温、有毒、有害、腐蚀等危害因素。如果发生工艺介质泄漏、操作失控或设备故障等情况，煤制油化工易发生火灾、爆炸、中毒窒息、化学灼伤和低温伤害等事故。

第一节　煤制油化工企业员工现场应急处置“五懂”

1. 懂危险化学品危险特性

- 懂得危险化学品的类别、危险特性（易燃易爆、有毒有害、腐蚀等）及健康危害等内容。

2. 懂装置（储存）区基本情况

懂得装置（储存）区的整体布局，应急物资存放位置、消防器材布置及疏散路线等基本情况。

3. 懂正确处置方法

- 懂得各类危险化学品应急措施，装置（储存）区事故状态的紧急切断、导流、泄压、排空等工艺处置方法，以及消防设施、器材的使用方法。

4. 懂个人防护器具选用

- 懂得根据现场危险源特点和毒物可能侵入人体的途径等因素，选用合适的个人防护器具。

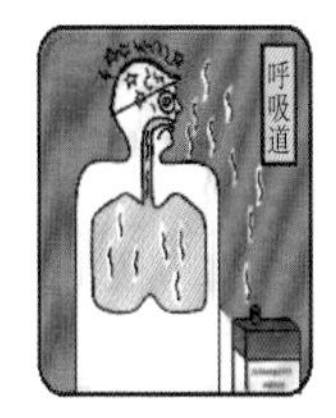

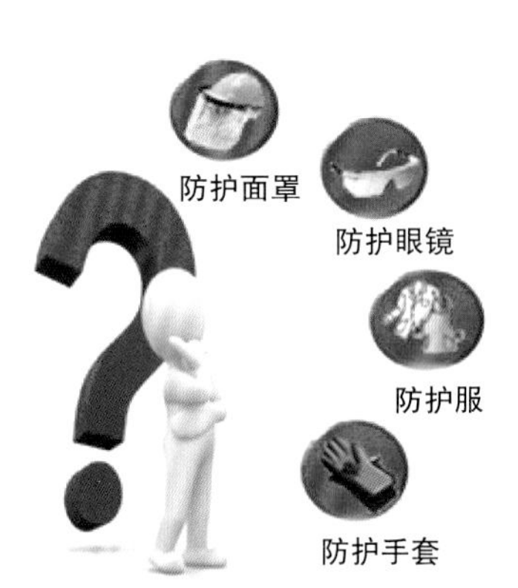

5. 懂基本急救常识

- 懂得中毒窒息、烧(烫)伤、灼伤等急救措施和心肺复苏、止血、骨折固定等急救技术，一旦有人员受伤，能够及时有效地做好初步救助。

第二节 常见事故的现场应急处置

煤制油化工企业生产、储存和使用的物料大多为易燃易爆、有毒有害和腐蚀性危险化学品，因此，企业内常见危险化学品事故。

危险化学品事故现场处置大体分为汇报（报警）、隔离警戒、控险堵漏、扑救洗消、灾后清理等几个步骤。

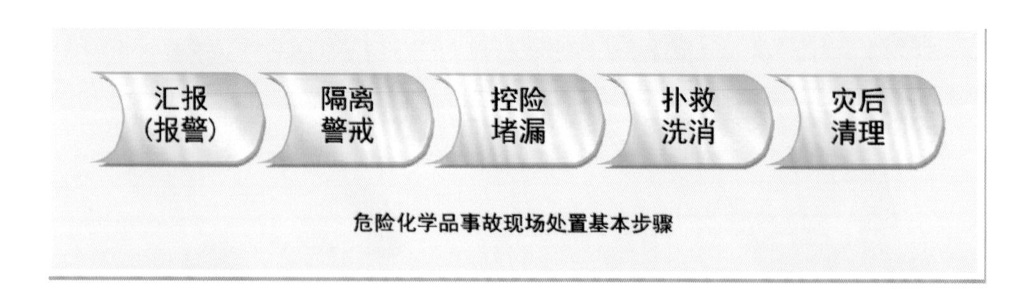

危险化学品事故现场处置基本步骤

根据危险化学品的分类，不同种类危险化学品的危险特性各不相同，具体处置方式也不尽相同。下面介绍泄漏、火灾、爆炸、中毒窒息、酸碱灼伤和冻伤等煤制油化工企业常见事故处置方法。

一、泄漏的现场处置

危险化学品泄漏处理不当，随时都有可能转化为火灾、爆炸事故，而火灾爆炸事故又常致泄漏事故蔓延而扩大。因此，要成功地控制危险化学品泄漏，在对化学品的化学性质和反应特性有充分了解的基础上，采取切实有效的处置措施。

泄漏事故的现场处置包括泄漏源控制和泄漏物处置两个方面。

1. 泄漏源控制方法

在采取泄漏源控制措施的同时，要统筹考虑全流程或全系统的整体性，注意局部的处置对其他系统或装置造成的影响，防止衍生或次生事故的发生。泄漏源的控制方法有以下几种：

（1）关阀断料与开阀导流。

- 关闭泄漏处前置与后置阀门（根据实际情况尽量靠近泄漏点）、物料走副线、打循环等方式切断泄漏源和减少事故影响。

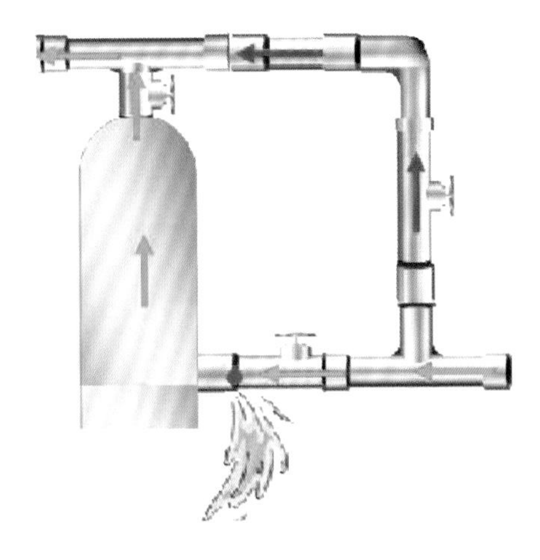

（2）火炬放空与排料泄压。

- 根据装置流程实际，利用火炬放空、排除系统内物料等手段降低泄漏部位（系统）的压力，控制泄漏量。

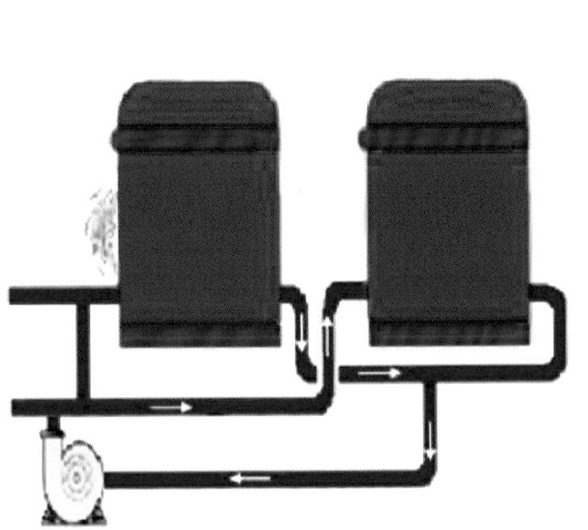

（3）倒罐转移。

- 将泄漏罐的物料转移到其他储罐内，拉低泄漏罐液位，减少泄漏。注意：如果泄漏罐处于收料流程中，应首先切断收料。

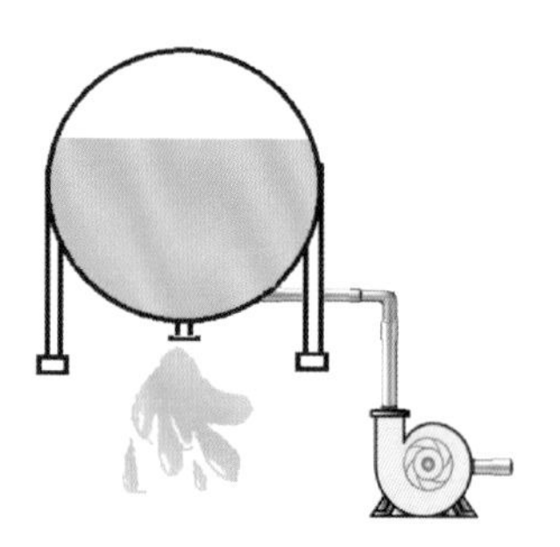

(4) 注水排险。

- 储罐底部或下部泄漏时，可采取注水抬高液面形成罐内底部水垫层的方式缓解险情，配合堵漏等其他措施。注意：此方法仅适用于液化石油气等不溶于水且比重小于水的物料。

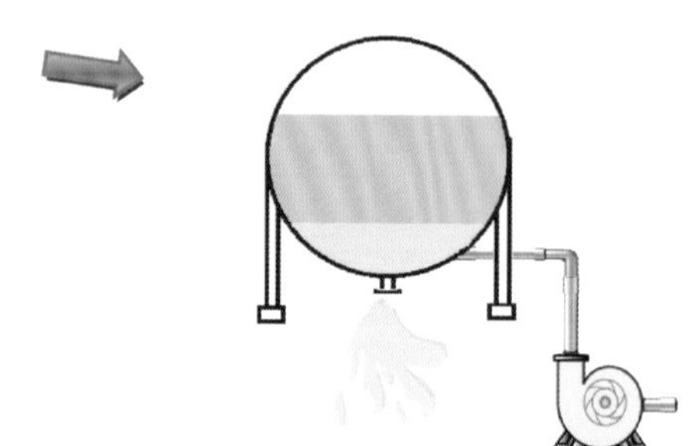

(5) 引火点燃。

- 当泄漏物（液化石油气、酸性气等易燃易爆或毒性气体）大量泄漏，对装置和周围环境造成巨大威胁，且其他所有处置措施无效或无法采取时，可采用安全的方法点燃。注意：此方法不可轻易使用，但使用要当机立断，不可错过有利时机。

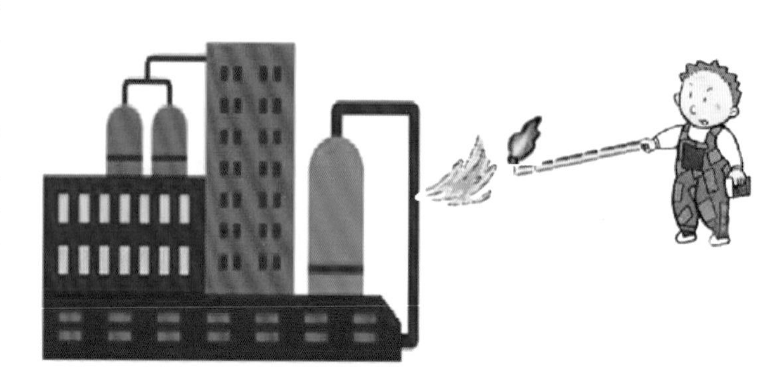

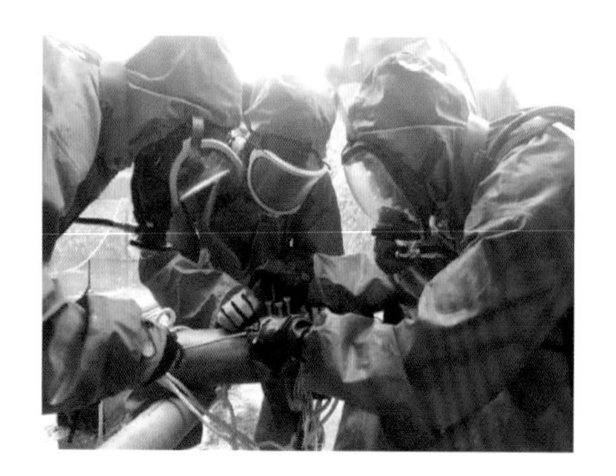

(6) 紧急堵漏。

- 根据现场泄漏介质危险特性和泄漏点具体情况，利用卡箍法、塞楔法、焊包（罩）法等方法实施紧急堵漏。注意：带压堵漏必须在保证人身安全的情况下由专业人员完成，堵漏人员必须穿戴完备的个人防护用品，必须由懂现场工艺设备的人员指挥和监护。

（7）紧急停车。

- 发生重大泄漏事故，采取其他各种处理措施仍不能正常运转，严重威胁装置的安全时，必须紧急停工。注意：在保证安全的前提下，一般从保护设备的角度考虑，应尽量按正常停工步骤进行。

2. 泄漏物处置方法

泄漏事故发生后，对泄漏源控制的同时，要对现场泄漏物及时和安全可靠处置，防止火灾、爆炸和中毒等二次事故的发生。泄漏物处置的方法有以下几种：

（1）吸附中和。

- 当液体泄漏量小时，可用沙子、吸附材料、中和材料进行吸收中和。注意：处理易燃易爆物料泄漏时，应使用防爆工（器）具。

（2）围堵导流和收容蓄积。

- 对于大量液体泄漏，需要筑堤堵截或者引流到安全地点，选择用隔膜泵等防爆设备将泄漏出的物料抽入容器内或槽车内，必要时要同时采取覆盖措施。

（3）覆盖。

- 对于挥发性液体泄漏，为降低物料向大气中的蒸发速度，可用泡沫覆盖外泄的物料，在其表面形成覆盖层，抑制其蒸发。

（4）喷雾吸收与稀释。

- 当泄漏物为气体或液化气体时，采用雾状水向有害物蒸气云喷射，吸收易溶于水的介质或加速气体向高空扩散。对于可燃物，也可以在现场释放大量蒸汽，破坏燃烧条件。注意：采取这一措施时将产生大量的被污染水，因此应采取污水收集措施和疏通污水排放系统。

（5）废弃。

- 将收集的泄漏物运至废物处理场所或返回系统处置，禁止随意放置或丢弃。用消防水冲洗剩下的少量物料，冲洗水排入含油污水系统处理。

3. 泄漏处置注意事项

- 进入事故现场人员必须穿戴合适的防护用品。
- 如果泄漏物易燃易爆，应严禁火种，使用防爆工（器）具。
- 应急处理时严禁单独行动，要有监护人，必要时用水枪、水炮掩护。
- 要有防止泄漏物在低洼处聚集，进入下水道、地下室或受限空间的措施。
- 贮罐区发生液体泄漏时，要及时关闭雨水阀，防止物料外流。

二、火灾的现场处置

煤制油化工企业火灾的特点有：爆炸危险性大、燃烧面积大、易形成流淌火和立体火灾。一旦发生火灾，现场人员应立即根据着火介质的危险特性，选择合适的灭火方法，在确保人身安全的前提下，力争将火灾消灭在初起阶段。

1. 自救互救

- 立即采取有效的自救互救措施，组织灭火，防止事故扩大。如事态失控，立即将人员撤离至安全区域。

2. 扑救初起火灾

- 迅速关闭关联阀门，切断物料。立即使用消防器材扑灭初起火灾和控制火源。注意：对于初起火灾，一定要正确判断，处置迅速。

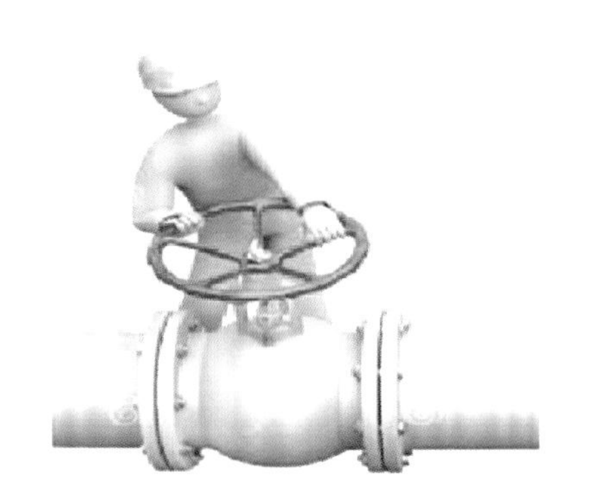

3. 采取保护措施

- 火灾中必须及时采取冷却保护措施，保护起火的设备及火灾相邻设备和框架、强弱电缆等设施，防止事故造成的影响扩大。

4. 火灾扑救

- 扑救危险化学品火灾决不可盲目行动，应针对每一类化学品，选择正确的灭火剂和灭火方法。

5. 爆炸物品火灾的扑救

- 对于爆炸物品火灾，切忌用沙土盖压，防止增强爆炸破坏力；扑救爆炸物品堆垛火灾时，水流应采用吊射，避免强力水流直接冲击堆垛，造成事故扩大。发现有再次爆炸征兆，应立即撤离。

6. 易燃气体火灾的扑救

- 扑救气体类火灾，首先采取关阀断料的方式，切断物料泄漏源。
- 无法切断的，切忌盲目扑灭火势，在没有采取堵漏措施的情况下，必须保持稳定燃烧。注意：当火焰一旦熄灭，但还有气体扩散且无法实施堵漏，要果断采取措施点燃。

7. 易燃液体火灾的扑救

- 扑救易燃液体火灾，首先采取关阀断料的方式，切断物料泄漏源；无法切断的，远距离使用泡沫灭火，并注意冷却容器，对大面积的储罐等火灾，在控制火势不蔓延的情况下，待其燃尽。注意：对于可能或已经形成的流淌火，应准确判断其发展趋势，提前采用拦截围堵的方式，将其控制在一定范围内。

8. 易燃固体和自燃物品火灾的扑救

- 易燃固体、自燃物品应用雾状水和泡沫扑救，只要控制住燃烧范围，逐步扑灭即可。有少数易燃固体，受热后与空气形成爆炸性混合物，易发生爆燃，在扑救过程中应不时向燃烧区域上空及周围喷射雾状水，并消除周围一切火源。注意：对煤粉等粉末状物品火灾，不得使用直流水冲击灭火。

9. 遇湿易燃物品火灾的扑救

- 遇湿易燃物品严禁用水、泡沫、酸碱等湿性灭火剂扑救。应根据具体物品种类选用专用灭火器材扑救或干沙覆盖。

10. 氧化剂和有机过氧化物火灾的扑救

- 氧化剂和有机过氧化物的灭火比较复杂，应针对具体物质具体分析。此类物质引起的火灾，一般用水灭火，但由碱金属过氧化物引起着火时，不宜用水，要用二氧化碳灭火器或干沙灭火。

11. 毒害品和腐蚀品火灾的扑救

- 扑救毒害品和腐蚀品的火灾时，应尽量采取稀释、中和措施，减少毒性和降低酸碱浓度。一般使用低压水流或雾状水，避免腐蚀品、毒害品溅出，造成伤害；遇酸类或碱类腐蚀品最好调制相应的中和剂稀释中和。

12. 灭火后的处置

- 当火势被控制以后，仍然要派人监护，消灭余火，以防复燃，并持续对现场进行监控。

清除余火

13. 火灾处置注意事项

- 采取有效的自救、互救措施，做好个人防护。
- 充分利用固定灭火设施、工艺措施控制扑救火势。
- 根据危化品特性选择对应的灭火器材，切勿盲目救援。
- 切断物料输送渠道，控制泄漏源；对泄漏物拦截围堵，防止形成流淌火。
- 主火场救援应由消防队集中力量专业扑救。
- 事故现场发现有着火处火焰变亮耀眼伴有尖叫声、罐体发生变色、晃动等爆炸征兆时，应立即撤离。

三、爆炸的现场处置

- 有爆炸危险的场所，事故处置首要原则：保护自己的生命。一般作业人员不应参与现场的应急处理。
- 爆炸后的泄漏、火灾按泄漏及火灾的事故处置方法处置，但要谨防二次爆炸的发生。

四、中毒窒息的现场处置

1. 安全进入污染区

- 发现有人晕倒后，不可盲目施救，救援者应做好个人防护，安全进入污染区。

2. 控漏与通风

- 对于有毒物（或窒息物）泄漏的敞开空间，应采取控制泄漏源的措施；在密闭或半密闭空间（厂房）等场所，在采取控制泄漏源的同时，应立即启动通风排毒设施开启门窗或通入工厂风等通风换气措施，降低有毒物质在空气中的含量，为抢救工作创造有利条件。

3. 脱离有毒或窒息性环境

- 将受伤者移至泄漏处上方向空气新鲜处，使之脱离有毒或窒息环境。注意：此步骤应与“控漏与通风”同时进行，若在受限空间内一时无法将受伤者脱离有毒或窒息性环境的，应迅速完成“控漏与通风”的措施，暂时缓解毒害风险，并立即采取有效措施，尽快实施救人。

4. 进行现场急救

- 迅速将中毒者口、鼻内的杂物等除去，使伤员平卧，仰头抬颏，保持其呼吸道通畅。
- 如伤员心跳、呼吸停止，立即进行心肺复苏术进行急救。
- 注意：如硫化氢等毒物中毒，不应采用口对口人工呼吸，可采用史氏人工呼吸法。

5. 史氏人工呼吸法操作步骤

- 使患者仰卧。
- 使腕部压胸腔下部。
- 使臂张开向后运动。
- 往复操作，操作频率同口对口人工呼吸。

6. 送医救治

- 拨打120急救电话，尽快送医救治。
- 注意：拨打120急救电话后，应派专人迎接和引导。

五、酸碱灼伤的现场处置

1. 眼灼伤的处置

- 立即冲洗。眼睛被化学物品灼伤后，不要用手揉伤眼，应立即使用大量的水冲洗眼睛。
- 用清洁敷料覆盖保护伤眼，迅速前往医院。
- 酸性灼伤可用2%磺胺嘧啶钠等溶液中和冲洗。
- 碱性灼伤可用3%硼酸等溶液中和冲洗。

2. 皮肤灼伤的处置

- 立即清洗。迅速将沾染在皮肤上的危险化学品用大量清水清洗干净，并注意不要沾染正常皮肤。
- 用清洁敷料覆盖伤处，及时就医。

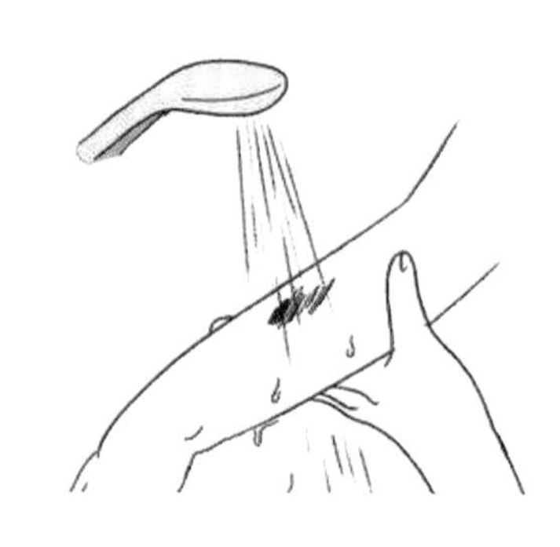

3. 酸碱灼伤处置注意事项

- 因化学品、酸、碱腐蚀物而引起的人身伤害，必须先隔离危险源，同时抢救人员须采取可靠的个人防护措施。
- 对泄漏到地面的酸碱进行中和、稀释、回收，防止污染土壤。

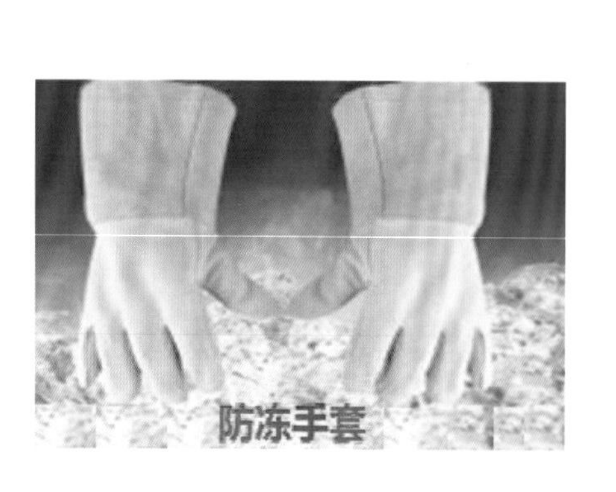

六、冻伤的现场处置

1. 冻伤处置步骤

- 冻伤后先转移至温暖的环境下，采取保温措施；用温水浸泡患处，后用毛巾热敷、按摩。
- 患处若破溃感染，应在局部使用医用酒精消毒，再吸出水泡内液体，外涂冻伤膏，保暖包扎，必要时应用抗生素或破伤风抗生素。
- 及时就医。

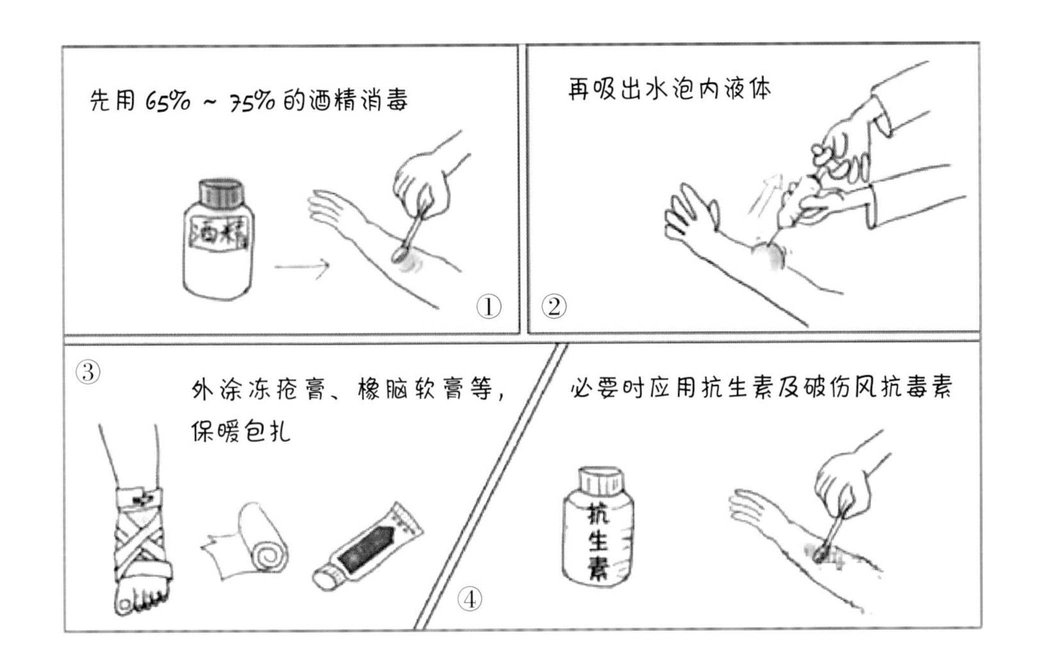

2. 冻伤处置注意事项

- 冻伤后不可直接用火烤，也不能浸泡很热的水，所有冻伤部位应尽可能缓慢地使之温暖。切忌直接按摩患部及用毛巾用力按摩，否则会使伤口糜烂，患处不易愈合。
- 如因接触液氨、液氯、液态二氧化碳、液氮等化学低温液体气体而引起的人身冻伤，必须先隔离危险源，同时抢救人员须采取防止冻伤措施。

第五章　民用爆炸物品

民用爆炸物品，是指用于非军事目的、列入民用爆炸物品品名表的各类火药、炸药及其制品和雷管、导火索等点火、起爆器材。

国家对民用爆炸物品的生产、销售、购买、运输和爆破作业实行许可证制度。未经许可，任何单位或者个人不得生产、销售、购买、运输民用爆炸物品，不得从事爆破作业。严禁转让、出借、转借、抵押、赠送、私藏或者非法持有民用爆炸物品。

民用爆炸物品主要存在材料仓库起火、爆炸及失窃等安全事故风险。

第一节 爆破材料仓库火灾事故应急处置

1. 当有火灾事故发生后，现场人员要利用库区或现场消防设施进行初期的抢救，及时进行隔离控制。
2. 发现火势过大无法控制时，现场人员应迅速离开现场，同时切断电源并向有关人员、机构报警。

3. 在条件允许的情况下，将火灾现场附近的其他爆炸物品、易燃物、可燃物及时搬运出可能着火区域，防止引起火势扩大蔓延或爆炸。
4. 接到报告后各救援小组迅速集结，并在第一时间赶赴现场实行自救。由指挥部确定响应级别和是否需要向当地政府报警，请求社会援助。

5. 在社会专业救援组织到达后，接受专业救援组织现场指挥部的领导，协助指示消防设施位置、疏通安全通道，协助消防、公安部门施救和疏散、警戒。

6. 若有人员伤亡，撤离到安全地点后，马上组织抢救受伤人员，同时拨打120急救电话。
7. 火情扑灭后，做好事故现场保护。

第二节 爆破材料仓库爆炸事故应急处置

1. 爆炸事故发生后，现场人员应及时准确向应急救援办公室报警。
2. 各救援组接到应急救援总指挥指令后启动相应级别的应急救援预案。

3. 查明现场情况，爆炸地点、人员伤亡、危险品分布情况，准确判断，制定现场抢救救援方案，在确认无连续爆炸可能或其他危险时，组织抢救救援；情况紧急时，按照疏散图和避险场所位置图实施紧急疏散避险。
4. 有二次爆炸迹象时，现场指挥立即组织人员撤离到安全地方，利用现场掩体作掩护，没有掩体要撤离到安全距离以外。

5. 判断和查明再次发生爆炸的可能性和危险性，在确保安全的前提下，采取措施制止再次爆炸的发生。
6. 忌用沙石盖压爆炸物品，以免增强爆炸物品爆炸时的威力。

7. 突出以救人为第一原则，有序进行救援工作，尽力把灾害降低到最低限度。核实进入库区的人员，抢救伤员和寻找失踪人员，布置警戒区，保护好现场。在救援过程中，应加强自身安全保护。

8. 不得随意进入爆炸后的现场，必须等用水浸透爆炸物后确认不会发生二次爆炸或其他事故，经总指挥批准后方可结伴进入。

9. 爆炸事故应急救援处理结束后，立即对爆破材料进行清点、收集。整理出相关数据报告上级主管部门及公安部门。

第三节 爆破材料仓库失窃事故应急处置

1. 对被抢、被盗事故现场实行严格保护，并立即向上级和公安部门报告情况，保护好事故现场。
2. 立即对事故现场进行警戒与封锁，对丢失、被盗、被抢的爆炸物品可能流失的方向进行布控、堵截。

3. 对现场应尽量保持原位，并通过录像、照相、测绘等固定现场原始状态；严格保护现场的物证，非现场勘查人员不得提取或移动。

4. 发生失盗事故后，由相关领导报告有关公安部门进行立案侦察，协助公安机关开展勘察、调查等工作，处理临时紧急任务。
5. 询问被盗人或当事人，查明失盗物品，并进行登记。

6. 采取有效措施，配合公安部门对勘察所获得的材料、物证等进行具体分析、研究，查找线索，对案件进行定性。

7. 根据现场调查和技术鉴定的情况进行综合分析，根据线索尽可能追查失盗物品；确定案件发生的原因，及时整改治安隐患；并按程序向领导汇报。

8. 根据火工品条码进行识别追踪。发现目标立即追踪，最大限度减小流失物对个人及国家带来的危害，保障人民生命财产安全。

第六章 地质勘探

地质勘探在生产作业过程中，因自然条件、环境、气候、技术装备、作业管理过程等因素影响，主要存在有井喷、滑坡泥石流、高处坠落、触电、钻机倾覆和物体打击等事故类型

一、井喷事故应急处置

划为危险区，设立警戒线，设置警示标志，封锁事故现场，实行交通管制，并设专职安全指挥人员。

尽快疏散无关人员，如果喷出物中有硫化氢气体，凡硫化氢气体波及区均划为危险区，泥车、消防车、人畜都要疏散。

保护井口，关井要根据具体工况按照“四、七”动作迅速、准确地关井。

关井压力不得超过井口额定压力、套管抗内压强度的80%、地层破裂压力三者中的最小值。

关井后，将配制的压井重泥浆直接泵入井内，在一个循环周期内将溢流排除并压住井。

协调地方政府的消防、公安、医院、有关应急队伍、物资、装备等，以保障抢险的需要。

二、滑坡泥石流应急处置

迅速撤离至安全区域，并实时监测险情和事态发展。

在保障安全的前提下对人员采取营救。

及时切断事故现场各种易燃易爆危险源，防止次生事故的发生。

在灾害现场周围建立警戒区域，防止与救援无关人员进入灾害现场，保障救援队伍、物资运输和人群疏散等的交通畅通。

对已实施临时疏散的一线人员，要做好临时安置。

出现人身伤亡事故时首先拨打急救电话，求助医疗中心进行抢救，在医护人员还未赶到现场时，应由兼职急救员对伤员进行相应的初步抢救。

三、高处坠落应急处置

应马上组织人员抢救伤者，并立即向项目部负责人报告。

现场人员应做好受伤人员的现场临时救护工作。包扎止血、人工呼吸或胸外心脏挤压。

在伤员转送之前必须进行急救处理，避免伤情扩大，途中作进一步检查，以发现一些隐蔽部位的伤情。转送途中密切观察患者的瞳孔、意识、体温、脉搏、呼吸、血压等情况，有异常应及早做出相应的处理措施。

当有人受伤严重时，应派人拨打120与当地急救中心取得联系，详细说明事故地点、严重程度、联系电话，并派人到路口接应。

四、触电事故应急处置

发现施工现场有人员触电时，及时呼救，并报上一级负责人。

在确保自身安全的前提下，第一时间切断电源或对触电者采取措施使其脱离电源。

在确保已切断电源的情况下，兼职安全员带急救包和当班人员立即集结到伤员处或将伤员抬到安全地带进行急救。

若触电者伤势较重，呼吸停止时，使其平躺，清除口内异物，施行口对口人工呼吸，唇部有外伤时采用口对鼻人工呼吸，若心跳停止，施行胸外心脏按压，在送医院中途或专职医务人员到达前不得停止抢救。

就近采取停电、验电、放电、装设遮栏、悬挂警示牌，划分有、无电区域，防止发生二次人身触电伤亡事故，特别要防止发生集体多人触电伤亡事故。

五、交通事故应急处置

首先应当立即停车，保护现场痕迹物证，固定相关证据，同时应按规定汇报部门领导。

未造成人身伤亡及情节很轻的，当事人对事实及成因无争议的，自行协商处理损害赔偿事宜；不即行撤离现场的，应当迅速报告交通警察或者公安机关交通管理部门。事故现场按规定放置警示三角架，打开车辆警示灯。

造成人身伤亡的，车辆驾驶人应当立即抢救受伤人员，并迅速报告公安机关或交通管理部门。 如果受伤人员必须立即治疗，同时又找不到其他车辆协助运送的情况，当事人可以利用发生事故的车辆送伤者到医院救治，当事人可以利用石块、砖头、白灰等物品在地面进行明显标注，绘制现场简图并做出书面记录，妥善保存现场重要痕迹、物证。

六、钻机倾覆事故应急处置

一旦发生钻机井架倾倒事故，首先查明险情，确定是否还有危险源，如碰断的高、低压电线是否带电，井架是否有继续倒塌的危险，然后组织施救。

把事故地点附近的作业人员疏散到安全地带，并进行警戒，不准闲人靠近。

切断有危险的低压电气线路的电源。如果在夜间，接通照明灯。

在排除继续倒塌或触电危险的情况下，立即救护伤员，边联系救护车，边及时进行止血包扎，用担架将伤员抬到车上送往医院。

对倾翻变形井架的拆卸、修复工作应在专家指导下进行。

在专业医疗人员到达前由抢险救援组对受伤人员进行简单救助。

七、物体打击应急处置

发生物体打击事故后，抢救重点放在对伤者颅脑损伤、胸部骨折和出血部位的处理上。

发生事故，应马上组织抢救伤者，首先观察伤者的受伤情况、部位、伤害性质，如伤员发生休克，应先处理休克。遇呼吸、心跳停止者，应立即进行人工呼吸，胸外心脏挤压。处于休克状态的伤员要让其安静、保暖、平卧、少动，并将下肢抬高约 20 度左右，尽快送医院进行抢救治疗。

出现颅脑损伤，必须维持伤者呼吸道通畅，昏迷者应平卧，面部转向一侧，以防舌根下坠或分泌物、呕吐物吸入，发生喉阻塞。有骨折者，应初步固定后再搬运。遇有严重的颅底骨折及严重的脑损伤症状出现，创伤处用消毒的纱布或清洁布等覆盖伤口，用绷带或布条包扎后，及时送医院治疗。

第七章　通用应急知识

本章介绍了呼救、触电、火灾、中毒、中暑、受限空间、电梯、创伤包扎等通用应急知识，还涉及个人应急自救、互救常识等内容。

第一节　紧急呼救常识

119 火灾报警电话

- 发现火情，及时拨打 119 电话报警。
- 准确报出失火方位。若不知失火地点名称，应尽可能说清楚周围明显的标志，如建筑物等。
- 尽量讲清楚起火部位、着火物资、火势大小、是否有人被困等情况，同时应派人在主要路口等待消防车。
- 在消防车到达现场前应设法扑灭初起火灾，以免火势扩大蔓延。扑救时需注意自身安全。

110 报警电话

- 发现刑事、治安案件以及危及公共与人身财产安全和扰乱公众正常工作、学习与生活秩序的案件时，应及时拨打 110 报警电话。
- 发现斗殴、盗窃、抢劫、强奸、杀人等刑事、治安案件时，应立即报警。若情况紧急，无法及时报警，则应在制服犯罪嫌疑人或脱离险情后，迅速报警。
- 发现溺水、坠楼、自杀，老人、儿童或智障人员、精神病患者走失，公众遇到危难孤立无援，水、电、气、热等公共设施出现险情，均可拨打 110 报警。

120 医疗急救求助电话

- 拨通电话后，应说清楚病人所在方位、年龄、性别和病情。如不知道确切的地址，应说明大致方位，如在哪条大街、哪个方向等。
- 尽可能说明病人典型的发病表现，如胸痛、意识不清、呕血、呕吐不止、呼吸困难等。
- 尽可能说明病人患病或受伤的时间。如意外伤害，要说明伤害的性质，如触电、爆炸、塌方、溺水、火灾、中毒、交通事故等，并报告受害人受伤的部位和情况。
- 尽可能说明您的特殊需要，了解清楚救护车到达的大致时间，准备接车。

122 交通事故报警电话

- 发生交通事故或交通纠纷，可拨打 122 报警电话。
- 拨打 122 时，必须准确报出事故发生的地点及人员、车辆伤损情况。
- 交通事故造成人员伤亡时，应立即拨打 120 急救求助电话，同时不要破坏现场和随意移动伤员。

第二节 触电急救常识

● 断开电源，如果无法断开电源用干燥的绝缘木棒、竹竿、布带等物将电源线从触电者身体脱离。

● 救护人可戴上手套或在手上包缠干燥的衣服、围巾、帽子等绝缘物品拖拽触电者，使之脱离电源。

● 伤员如神志不清，应就地躺平，确保气道通畅，呼叫伤员或轻拍其肩部，以判定伤员是否丧失意识。伤员伤势较重，呼吸、心脏跳动停止应立即进行现场施救，并尽快送往医院，运送途中不可停止施救。

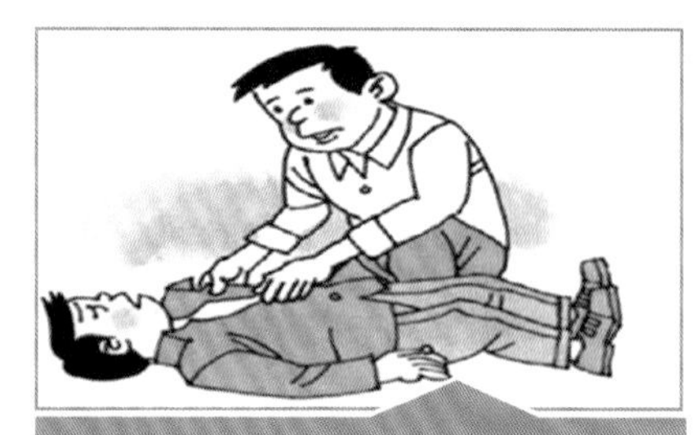

● 触电伤员如神志清醒者，应使其就地躺平，严密观察，暂时不要站立或走动。

● 在触电人脱离电源的同时，要防止高处坠落等二次伤害。

第三节　火灾急救常识

● 准确报警：发现火情，立即示警周围人员同时拨打火警电话报警。

如何使用火灾警报器

打破火灾警报器的玻璃

在发生火患时，打破最靠近的火灾警报器，将会使火警信号在整个建筑物鸣响。

● 启动火灾报警器按钮。

● 扑灭初起火灾：初起火灾火势较小，使用就近灭火器材进行扑灭。

● 火势较大或无法控制时立即选择安全路线逃生。保持镇静，明辨方向，迅速撤离。

- 撤离时要注意，朝明亮处或外面空旷地方跑，要尽量往楼层下面跑，若通道已被烟火封阻，则应背向烟火方向离开，通过阳台、气窗、天台等往室外逃生，但不要盲目跳楼。

- 不入险地，不贪财物。

- 逃生时应选择有安全出口标识的路线，火灾情况下禁止使用电梯疏散或逃生。

- 应将浸湿的毛巾、棉大衣、棉被、褥子、毛毯等捂住口鼻或遮盖在身上，弯腰或匍匐前进，以最快的速度直接冲出火场，到达安全地点。

- 身上衣物着火，应尽快脱掉燃烧的衣帽，或在地上滚动熄灭火焰，如有水源使用水进行灭火，切忌呼喊、乱跑以防止伤害加重。

- 实在无路可逃，可退入一个房间内，将门缝用毛巾、毛毯、棉被、褥子或其他纺织物封死，可不断往上浇水，防止外部火焰及烟气侵入，从而达到抑制火势蔓延速度、延长救援时间的目的。

- 利用卫生间进行避难，用水泼在门上、地上，进行降温，水也可从门缝处向门外喷射，以达到降温或控制火势蔓延的目的。

- 被烟火围困暂时无法逃离的人员，应尽量呆在阳台、窗口等易于被人发现和能避免烟火近身的地方。白天，可以向窗外晃动鲜艳衣物，或外抛轻型晃眼的东西。晚上，即可以用手电筒不停地在窗口闪动或者敲击东西，及时发出有效的求救信号，引起救援者的注意。

常见消防器材使用：

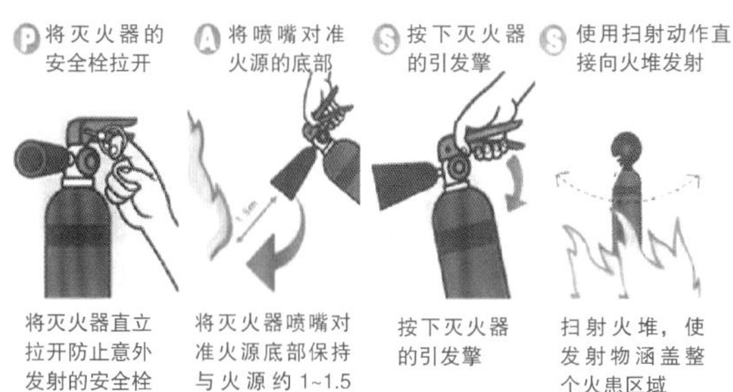

干粉、泡沫灭火器

- 干粉灭火器可扑灭一般固体火灾，还可扑灭油、气类火灾。
- 使用方法六字口诀：上、摇、拔、瞄、压、扫。

  上——站在火场上风口。

  摇——上下摇动三、四次。

  拔——拔出保险销。

  瞄——瞄准火焰根部。

  压——压下灭火器压把。

  扫——左右扫射。
- 泡沫灭火器用于扑救一般固体物质火灾外，还能扑救油类等可燃液体火灾，但不能扑救带电设备火灾。

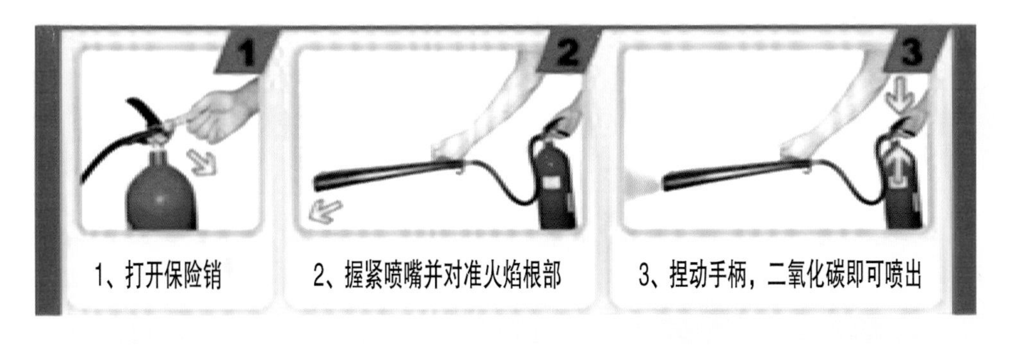

二氧化碳灭火器

- 二氧化碳灭火器适用于扑灭油类、易燃液体、可燃气体、电气设备、文件资料的初起火灾。
- 使用方法：

第一步：除掉铅封，抽掉保险销。

第二步：将喷筒调至与筒体垂直角度。

第三步：握住把手，对准火焰，手压下，注意手不要碰喷管，防止发生冻伤。

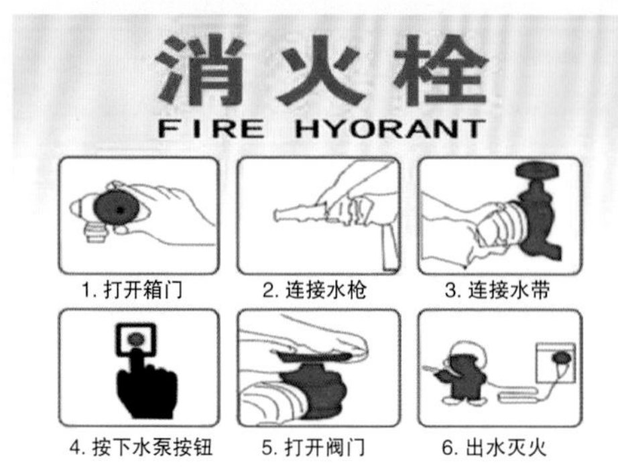

墙壁消火栓

- 使用方法：

第一步：打开或击碎箱门取出消防水带。
第二步：水带一头接在消防栓接口上。
第三步：水带另一头接上消防水枪。
第四步：按下箱内消火栓启泵按钮。
第五步：打开消火栓上的水阀开关。
第六步：对准火源部，进行灭火。

第四节　中毒急救常识

- 有害气体中毒开始时有流泪、眼痛、呛咳、咽部干燥等症状。稍重时，头痛、气促、胸闷、眩晕。严重时，会引起惊厥昏迷。

- 怀疑可能存在有害气体时，应即将人员撤离现场，转移到通风良好处休息。救援人员进入险区必须采取可靠的个人防护措施。

- 已昏迷病员应保持气道通畅，有条件时给予氧气吸入。呼吸、心跳停止者，按心肺复苏法抢救，并联系医院救治。

第五节　中暑急救常识

- 当出现昏迷、高热、头疼、心衰等症状时，表明已重度中暑。
- 应立即将患者抬至阴凉处，解开其衣服，使其平躺，静卧休息。

- 用冷水敷头部和腋窝，使头部皮肤温度迅速降下来。

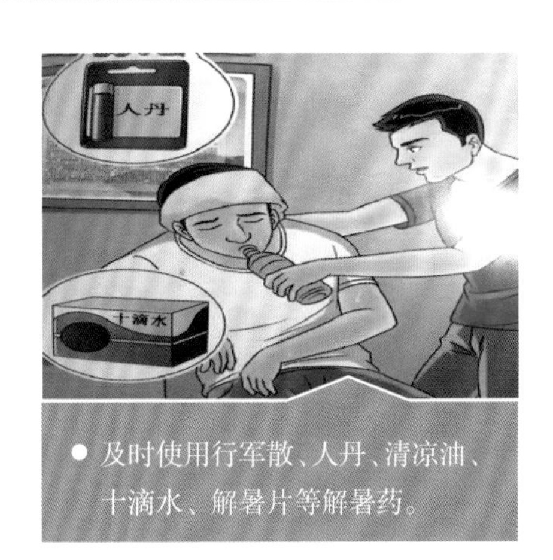

- 及时使用行军散、人丹、清凉油、十滴水、解暑片等解暑药。

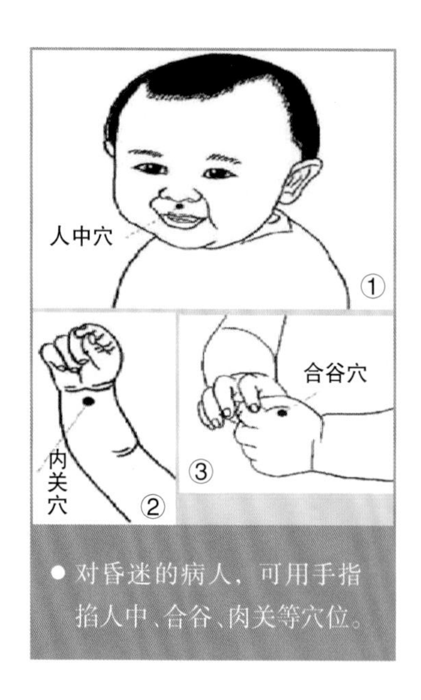

● 对昏迷的病人，可用手指掐人中、合谷、肉关等穴位。

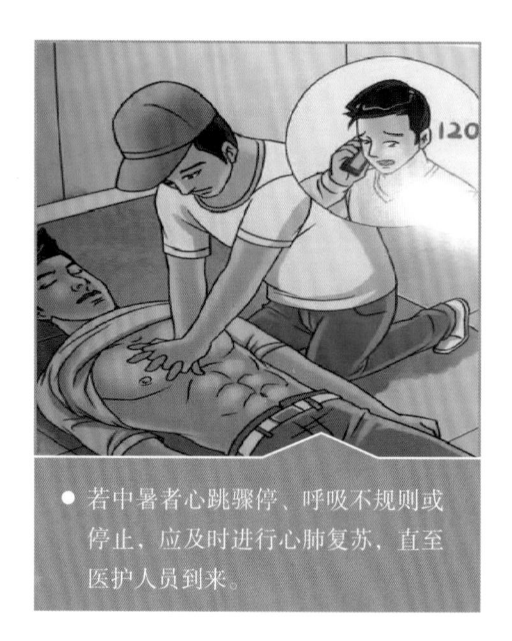

● 若中暑者心跳骤停、呼吸不规则或停止，应及时进行心肺复苏，直至医护人员到来。

第六节　受限空间应急常识

“受限空间”是指生产区域内进出口受限，通风不良，存在有毒有害风险的封闭、半封闭的设施及场所。

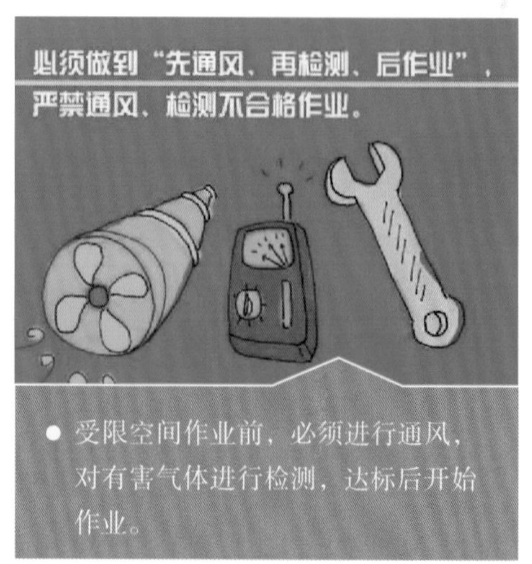

● 受限空间作业前，必须进行通风，对有害气体进行检测，达标后开始作业。

● 受限空间作业时，工具、配件必须使用工具袋吊接，严禁抛扔，作业井口周围1米范围内不得有石块、砖头、工具等有可能造成打击伤害的物体。

● 受限空间作业必须设专人防护，进入受限空间的人员佩戴救护绳，以便防护人员随时施救，同时按规定佩戴其他规定的防护用品。

● 受限空间作业时，作业人员和防护人员必须集中精力、坚守岗位，每隔2分钟使用对讲机与作业人员通话一次，询问作业人员状态，及时发现问题。

● 发生作业险情时，迅速使用救护绳对作业人员进行施救，特殊情况无法施救时，防护人员不得盲目进入受限空间施救，立即汇报等待救援，并做好事发地点周围的防护。

第七节 电梯故障应急常识

- 人员被困在发生故障的电梯里，千万不要慌张，应拨打应急救援电话，耐心等待救援。同时，电梯开门时如不在平层位置，不要试图跳、爬出轿厢、不要扒撬电梯轿厢上的安全窗或强行扒门。

- 卷起电梯轿厢地毯，露出底部通风口，大声向外呼救。

- 电梯高速下落时，应曲膝、踮脚、双臂展开、扶壁。

第八节　创伤救护常识

一、心肺复苏术

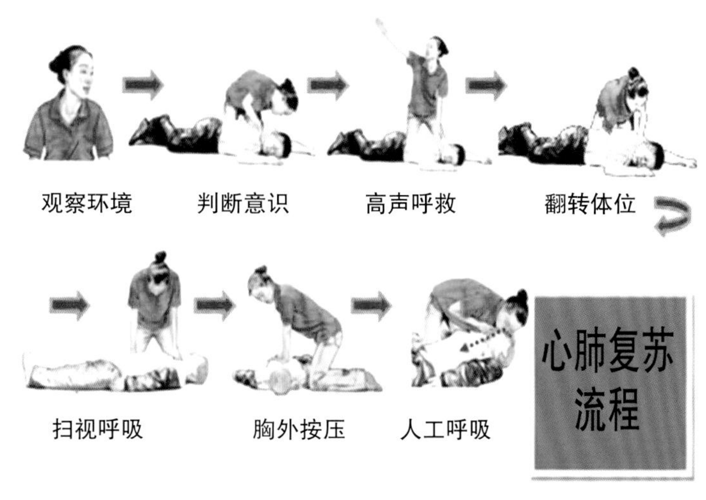

心肺复苏流程

- 环境安全
- 判断意识
- 高声呼救
- 翻转体位
- 判断呼吸
- 胸外按压
- 开放气道
- 人工呼吸

1. 环境评估

- 在确保环境安全，做好自身防护的前提下，方可施救他人。

2. 判断意识

- 拍打双肩，轻拍重喊。

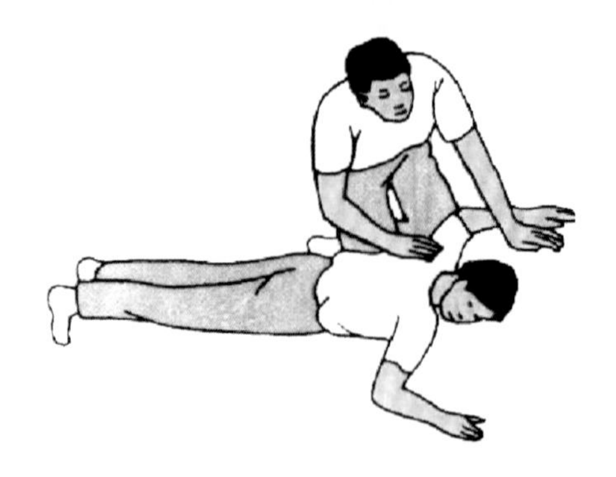

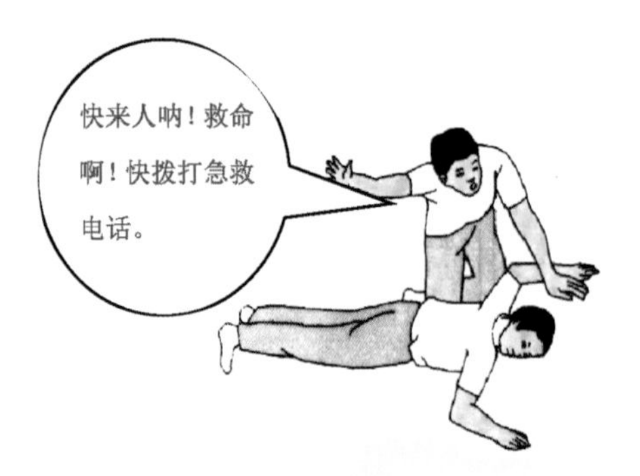

3. 高声呼救

- 呼喊求助，寻求帮助，报警求救。

4. 翻转体位

- 一手扶住头部，一手扶住对侧腋下，保证脊柱呈轴向整体翻转至平躺。

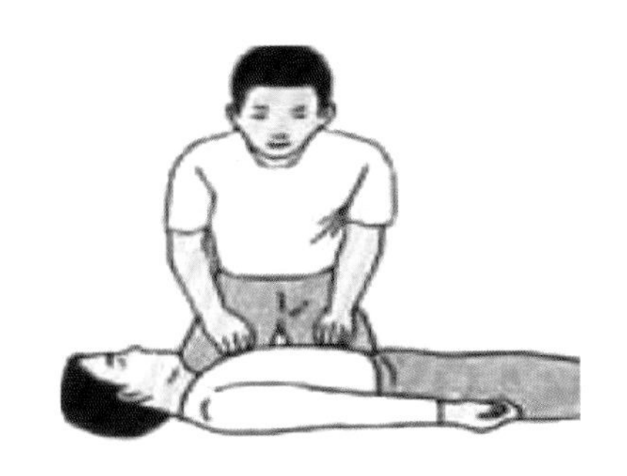

5. 判断呼吸

- 要领：利用5～10秒扫视胸腹部，观察有无起伏。

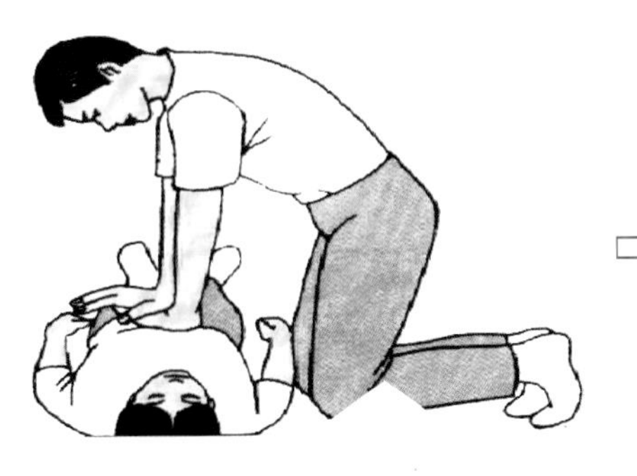

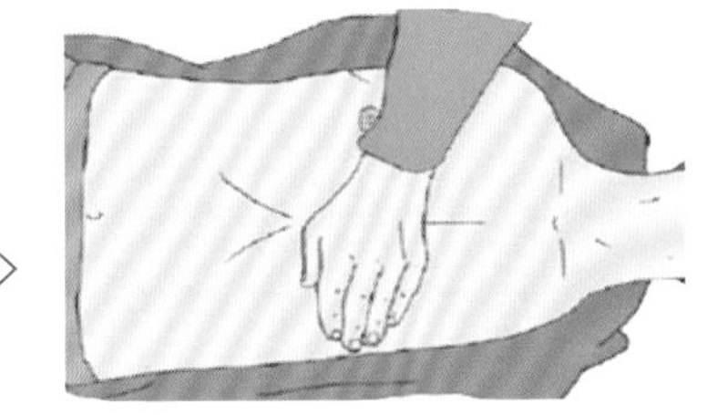

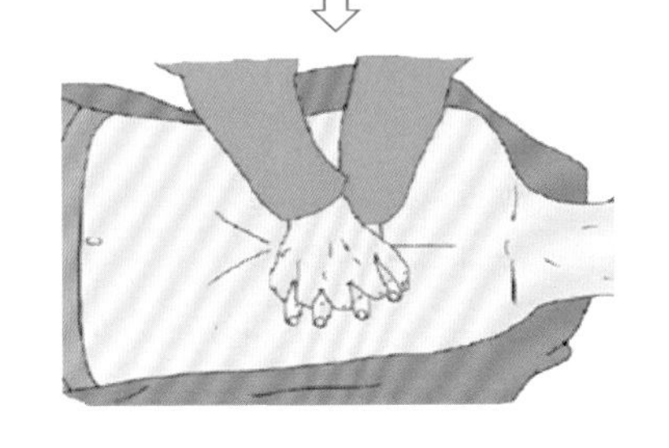

6. 胸外按压

- 要领：

位置：胸部中央、胸骨1/2段。

深度：成人至少5厘米。

频率：至少100次/分钟。

7. 开放气道

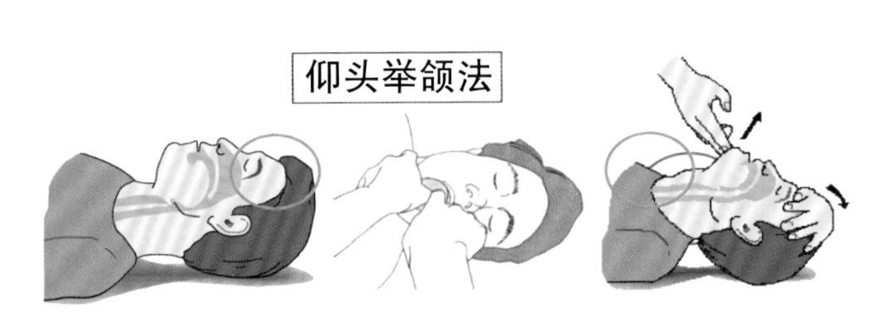

8. 人工呼吸

- 要领：

  吹气同时眼睛看着胸廓有起伏。

  吹气量：500 ~ 600 毫升。

  吹气时间：> 1 秒。

	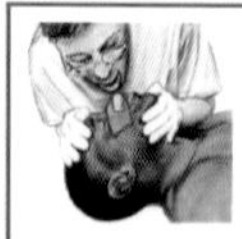		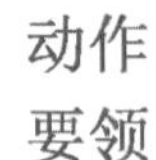
口对口： 快捷有效， 清除口腔异物	口对鼻： 牙关紧闭、创伤、溺水	口对窦道： 喉头手术后	

按压与人工吹气比例

30 ：2

胸外心脏按压与人工呼吸交替进行五个循环为一个周期

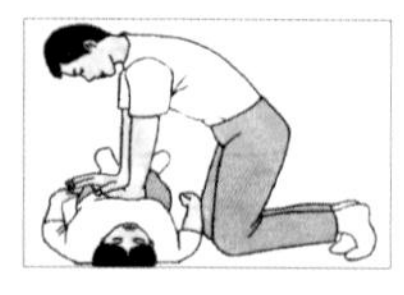

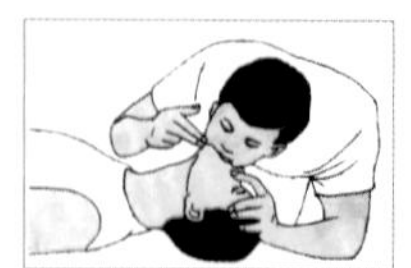

二、止血、包扎

1. 止血

（1）止血的目的

- 控制出血。
- 保持有效的血容量。
- 防止休克。
- 挽救生命。
- 为成功救治赢得时间。

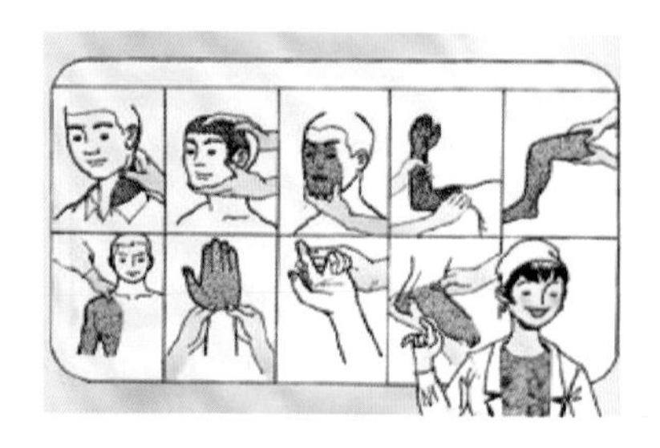

（2）出血的分类

- 当血管破裂后，血液经皮肤损伤处流出体外时，称外出血。
- 体内深部组织、内脏损伤出血，血液由破裂的血管流入组织、肝脏或体内，体表见不到在出血，称为内出血，因不易发现，更加危险。
- 体腔内出血，需要手术探查止血。

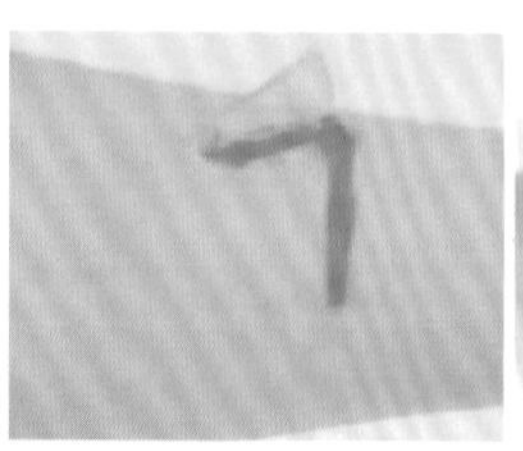

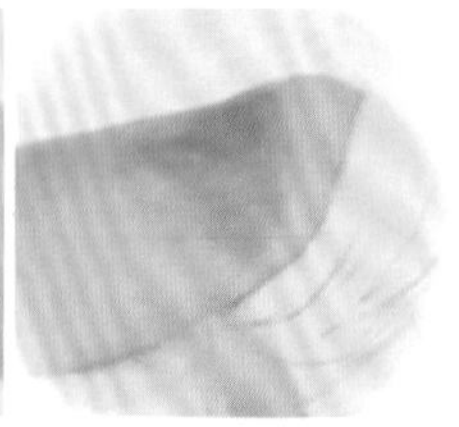

- 按出血部位不同，分为动脉出血、静脉出血和毛细血管出血。

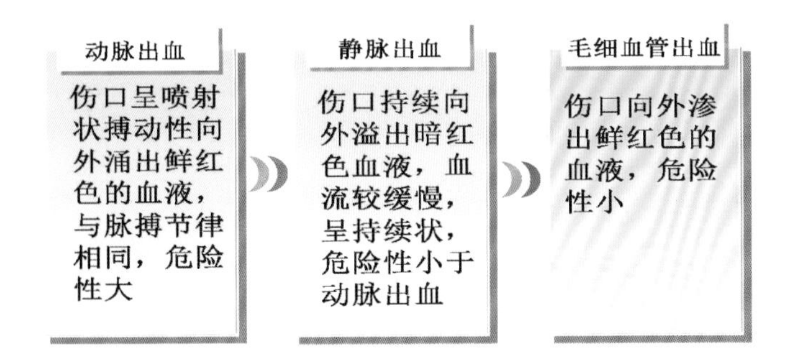

（3）现场止血法分类

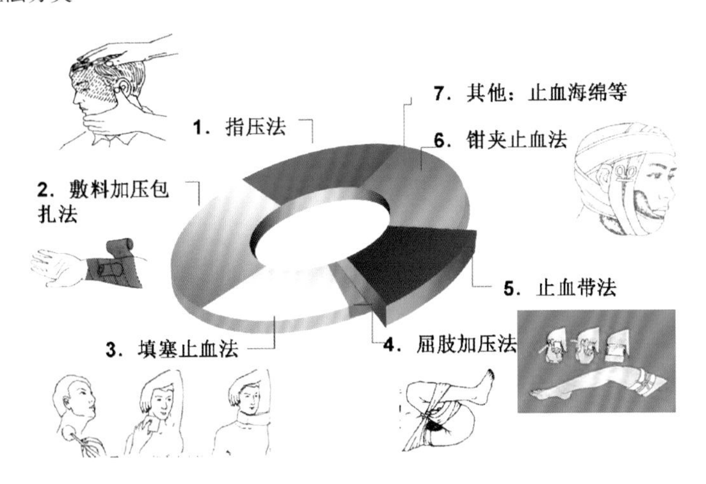

2. 常用外伤止血方法

（1）一般止血法

- 适用于创口小的出血，局部用生理盐水冲洗，周围用75%酒精消毒盖上无菌纱布，用绷带包扎好。

（2）指压止血法

- 用手指（拇指）或手掌压住出血血管（动脉）的近心端使血管被压在附近的骨块上，从而中断血流，能有效达到快速止血的目的。
- 本法只能短时间内达到控血的目的，不宜久用。

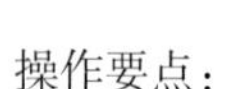

操作要点：

- 准确掌握动脉压迫点。
- 压迫力度要适中，以伤口不出血为准。
- 压迫 10 ~ 15 分钟，仅是短暂急救止血。
- 保持伤处肢体抬高。

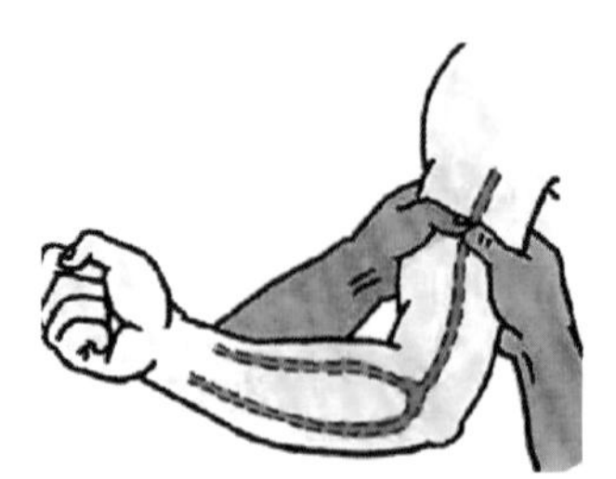

① 颞浅动脉压迫法

- 侧头顶部出血——颞浅动脉。
- 同侧外耳上方，颧弓根部。
- 用拇指或食指压向下颌关节。

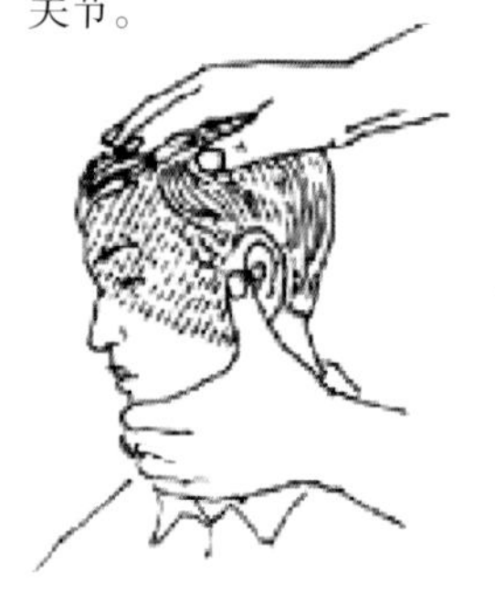

② 面动脉压迫法

- 一侧颜面部出血——面动脉。
- 同侧下颌骨下缘，下颌角前端，压向下颌骨面。

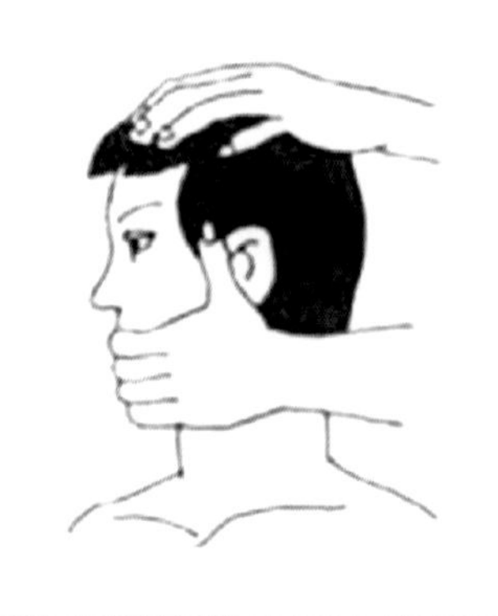

③ 枕动脉压迫法

- 头后部出血——枕动脉。
- 耳后乳突下面稍外侧，压向枕骨面。

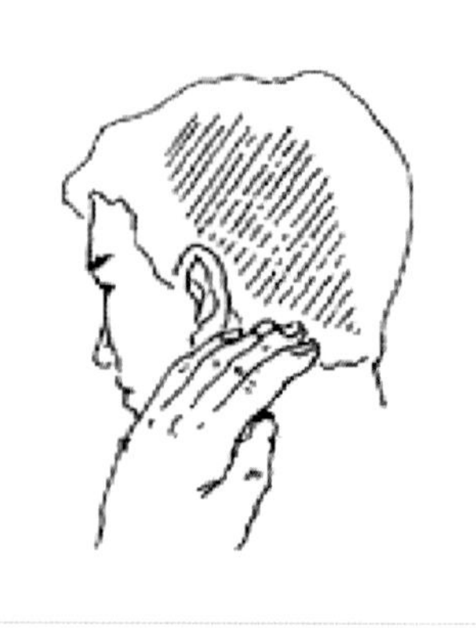

④ 颈总动脉压迫法

- 一侧头面部出血——颈总动脉。
- 气管与同侧胸锁乳突肌之间，甲状软骨下方外侧，压向第5颈椎横突。

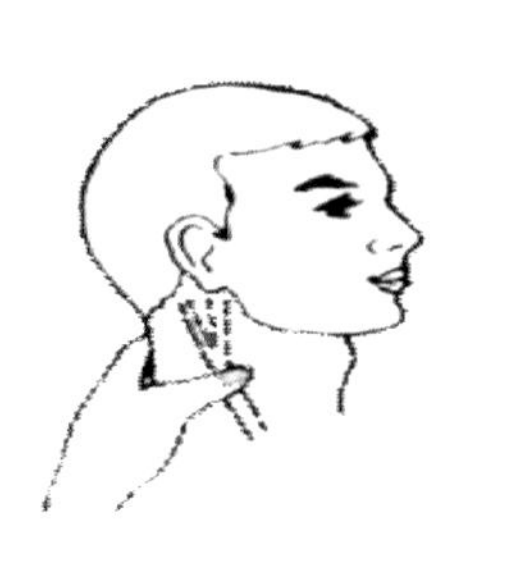

⑤ 锁骨下动脉压迫法

- 肩、腋部、上肢出血——锁骨下动脉。
- 同侧锁骨中点上方，锁骨上窝处，压向后下方第一肋骨面。

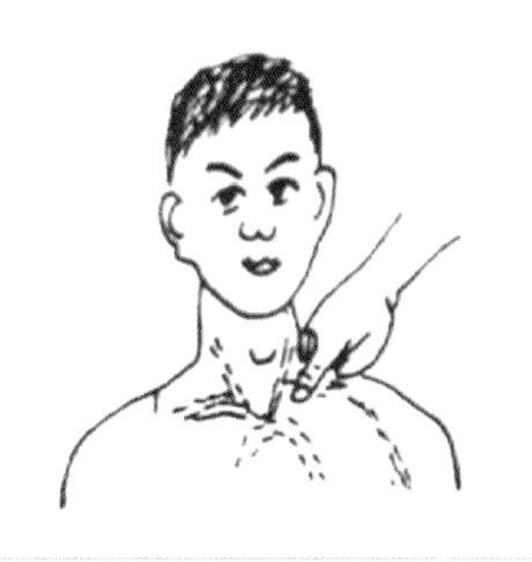

⑥ 肱动脉压迫法

- 前臂出血——肱动脉。
- 用拇指压迫伤侧肱二头肌肌腱内侧的肱动脉末端，或用拇指或其他手指压迫上臂内侧肱二头肌内侧沟处的搏动点。

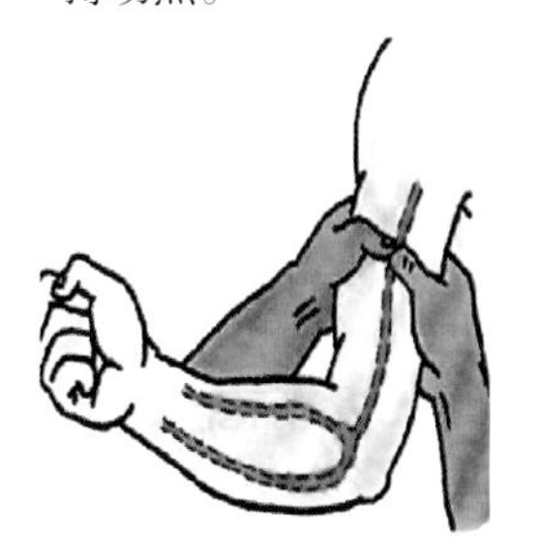

⑦ 尺桡动脉压迫法

- 手指出血——尺桡动脉。
- 手腕横纹稍上处内外两侧，压向尺桡骨面。

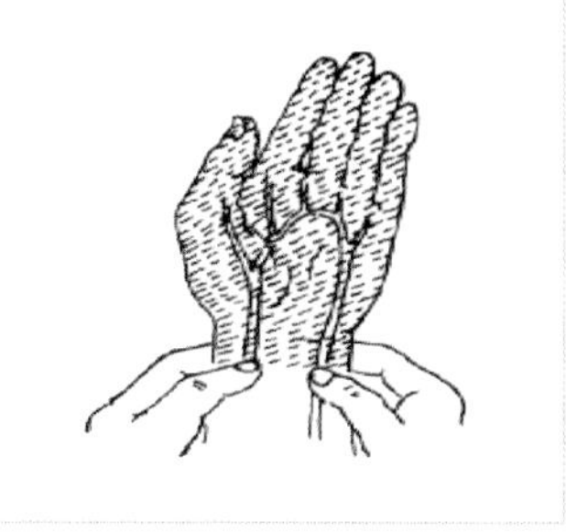

⑧ 手指出血压迫法

- 手指出血——指动脉。
- 手指出血时，可用拇指和食指压迫手指两侧的血管。

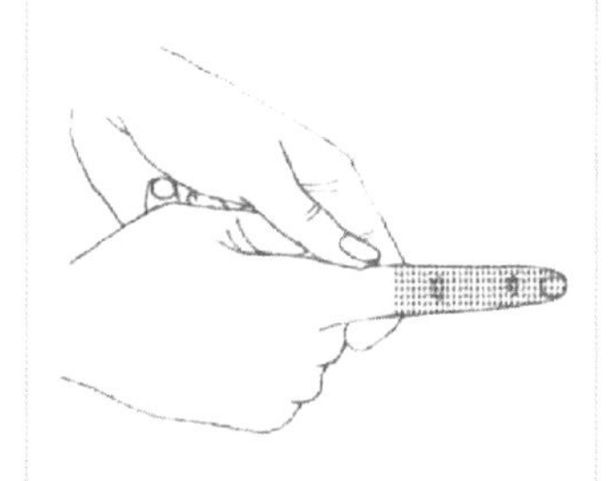

⑨ 股动脉压迫法

- 大腿以下出血——股动脉。
- 腹股沟韧带中点下方处，用双手拇指、手掌、拳头压向耻骨。

⑩ 足背、胫后动脉压迫法

- 足部出血——足背动脉。
- 足背皮肤皱纹中点，胫后动脉和内踝之间。

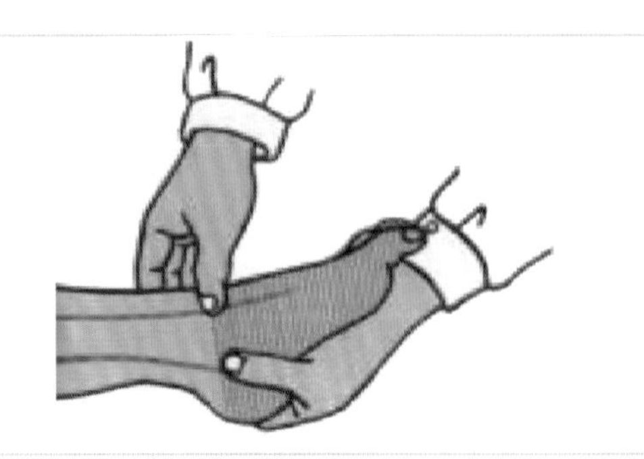

（3）填塞止血法

- 对软组织内的血管损伤出血，用无菌纱布填入伤口内压紧，外加大块无菌敷料加压包裹。

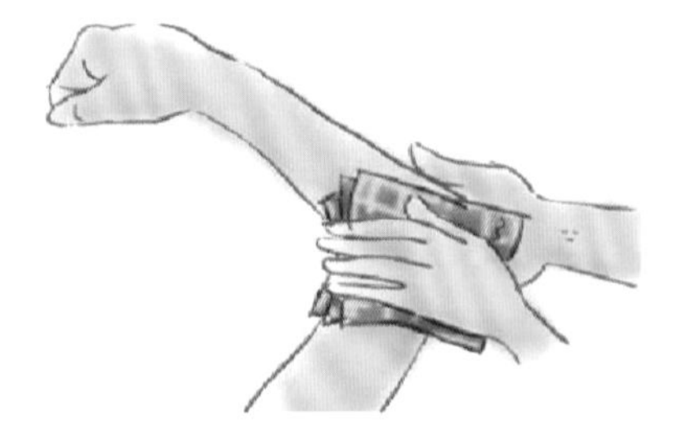

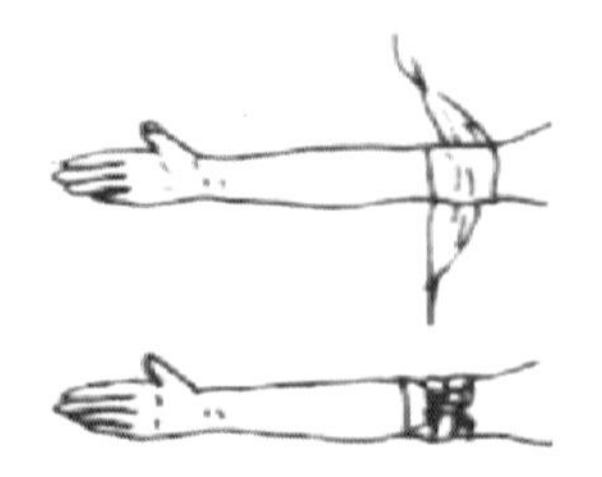

（4）压迫包扎止血法

- 就是用力按住出血部位以达到止血目的。
- 用无菌敷料覆盖伤口，用纱布、绷带或三角巾加压包扎。包扎时要松紧适宜。

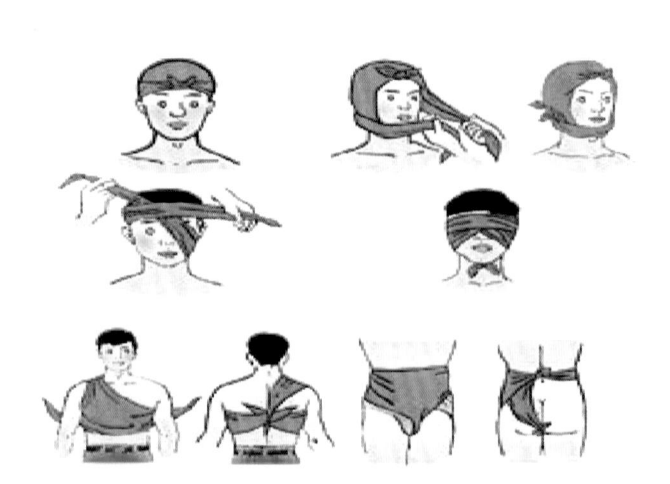

（5）止血带法

- 用于其他止血方法暂时不能控制的四肢动脉出血。
- 常用的止血带有橡皮止血带和布条止血带两种。

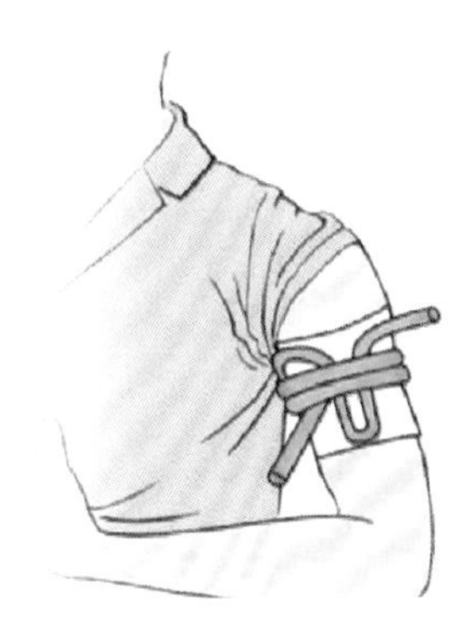

（6）加垫曲肢法

- 用于前臂和小腿的出血。
- 在肘窝处加垫，然后强力屈曲肘关节、膝关节，再用三角巾或绷带等缚紧固定。
- 对已有或怀疑有骨折或关节损伤者禁用。

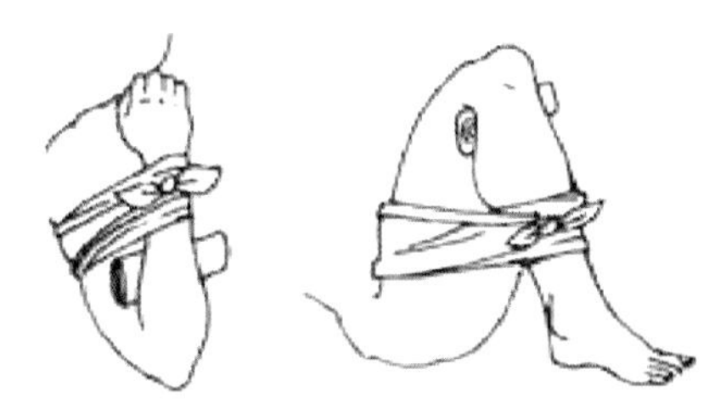

3. 包扎

（1）包扎的目的

- 帮助止血、保护伤口、固定敷料、防止污染、减轻痛苦、利于运转。

（2）常用的包扎用品

- 创可贴、绷带、三角巾、尼龙网套等。
- 就地取材：衣物、毛巾等。

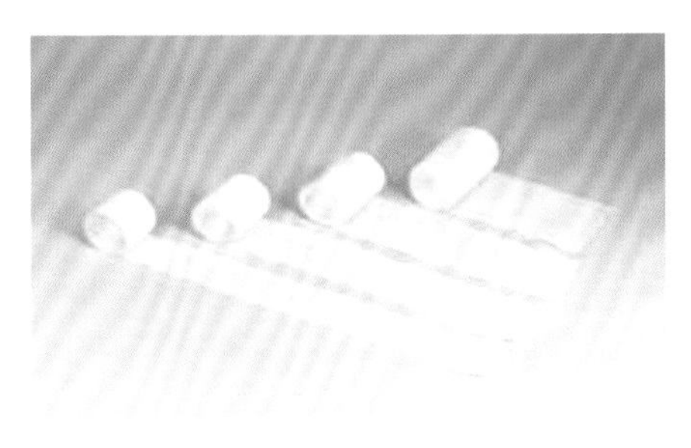

（3）包扎的方法

① 绷带包扎法

- 环形包扎法。
- 螺旋包扎法。
- 螺旋反折包扎法。
- 8 字形包扎法。

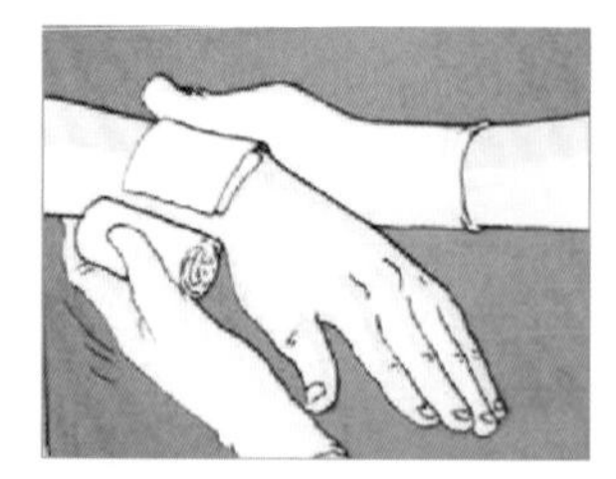
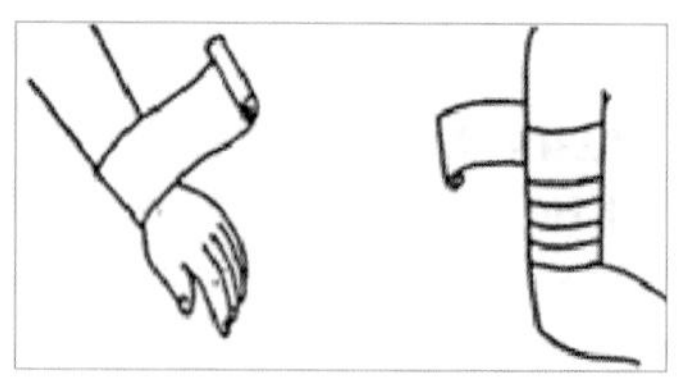
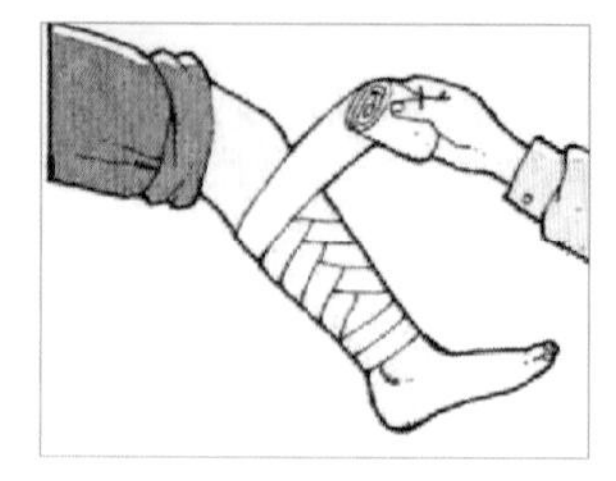
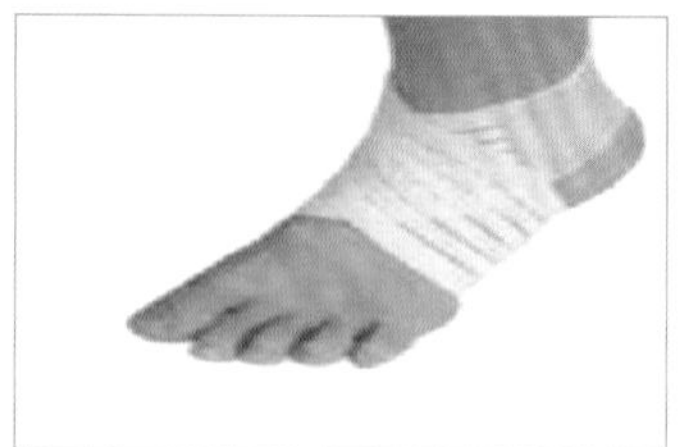

② 三角巾包扎法

- 头部帽式包扎法。
- 侧胸部三角巾包扎。
- 腹部三角巾包扎。

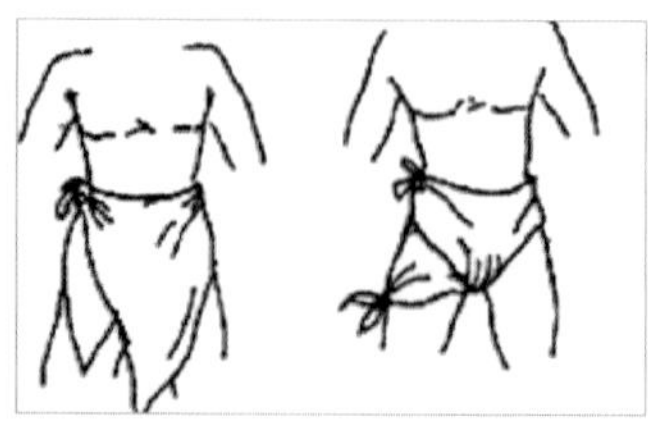

（4）包扎法注意事项

- 先清创，再包扎。
- 不水洗（化学伤除外）。
- 不轻易取出异物。
- 不送回脱出体的内脏。
- 动作轻柔、松紧适当、指（趾）端外漏。
- 包扎后的肢体保持功能位置。

三、骨折固定

1. 固定的目的

- 减轻伤员的痛苦。
- 防止骨折移位。
- 防止二次损伤。
- 便于搬运。

2. 固定准备

- 棉垫、纱布。
- 夹板、石膏。
- 敷料、外展架。

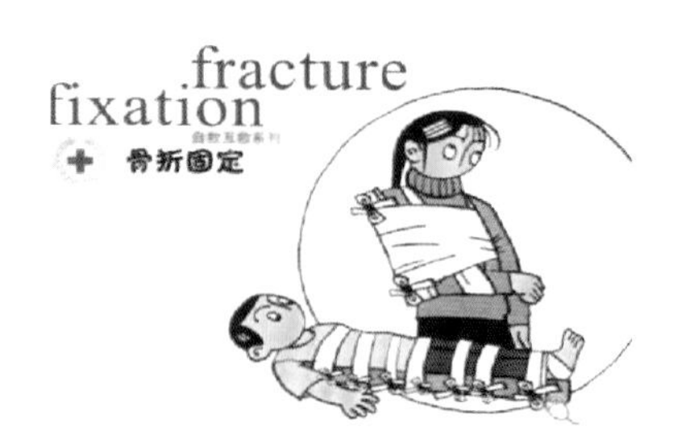

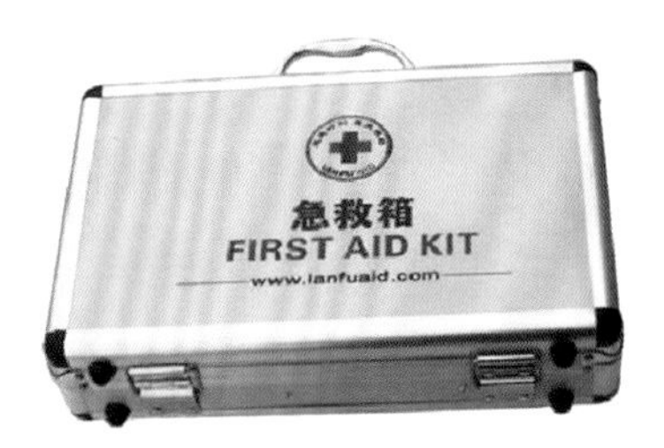

3. 固定的方法

（1）颈托固定法：适用于颈部损伤。

注意事项：

- 怀疑颈椎骨折病人在搬运过程中要做好颈部固定后才能搬动。
- 防止搬运时继发造成脊髓损伤引起截瘫。
- 头颈与躯干保持直线位置。

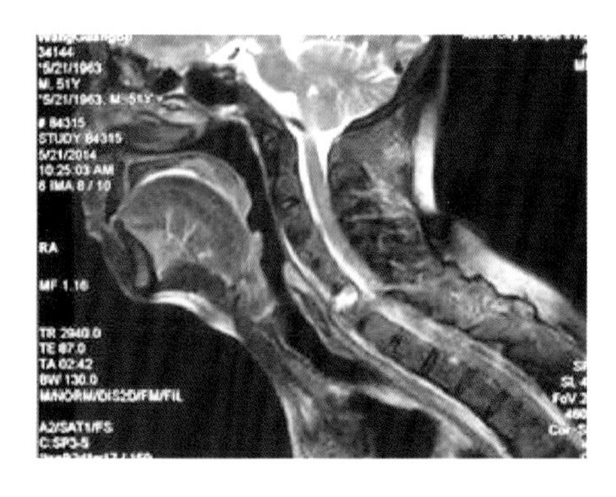

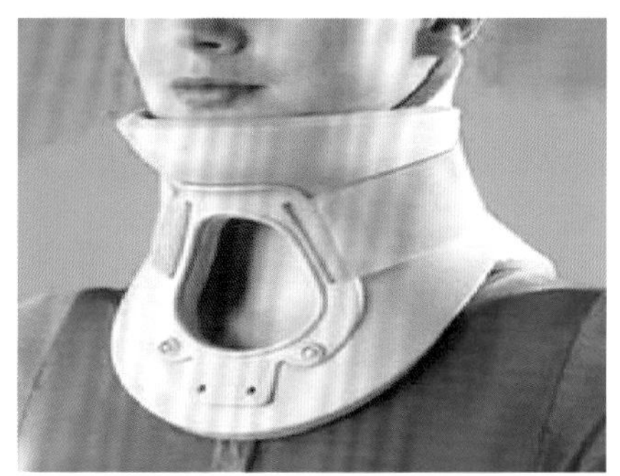

（2）脊柱板固定法：适用于脊髓损伤。

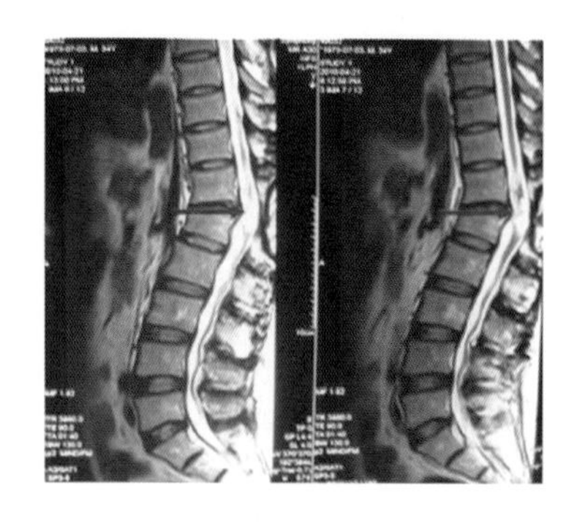

（3）三角巾固定法：适用于锁骨骨折。

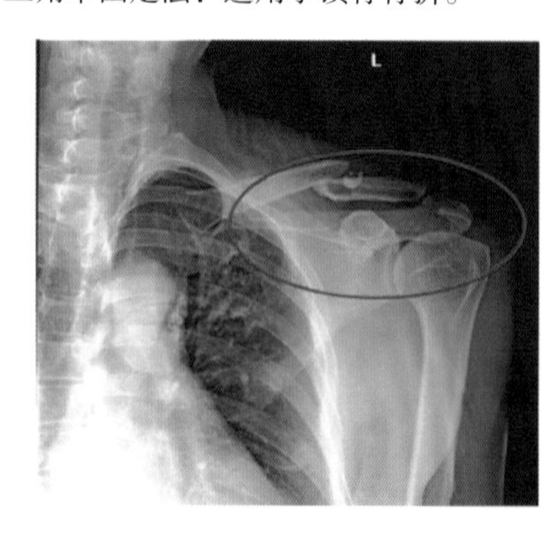

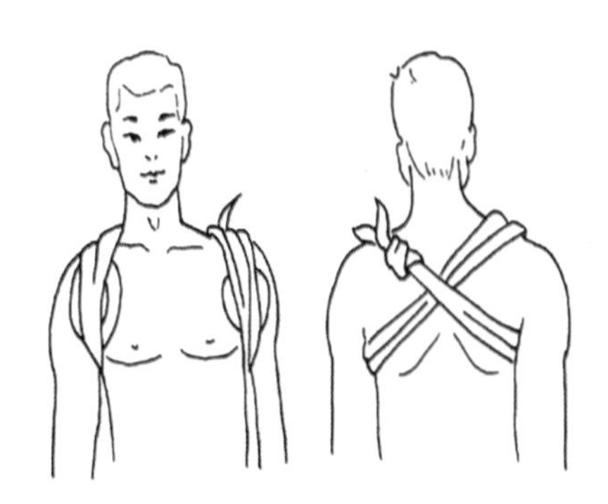

（4）前臂骨折固定方法：适用于前臂骨折。

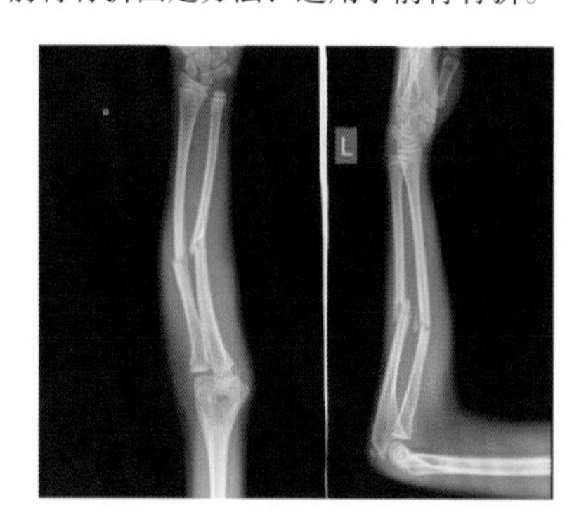

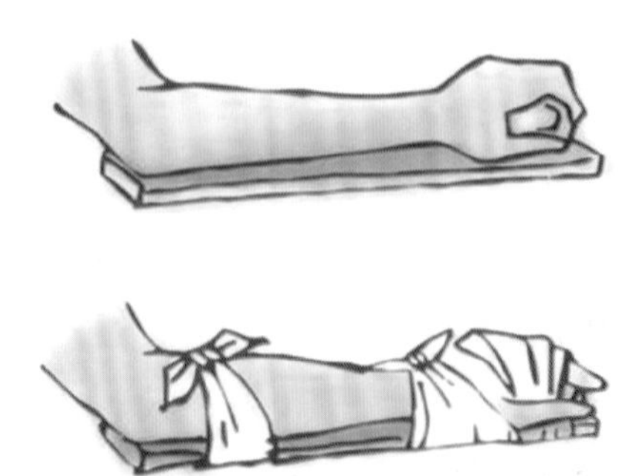

（5）压舌板固定法：适用于手指骨闭合性骨折。

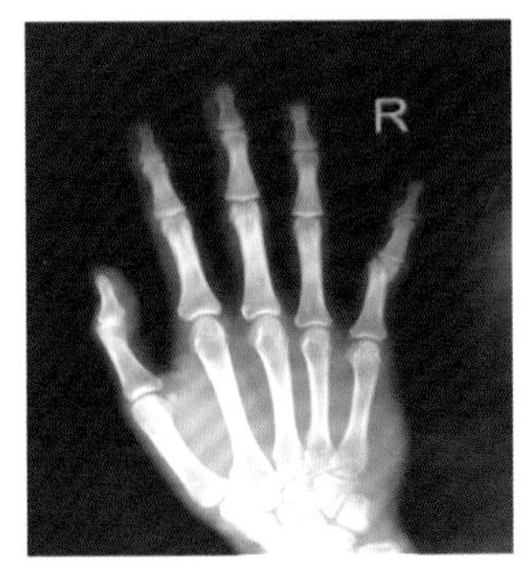

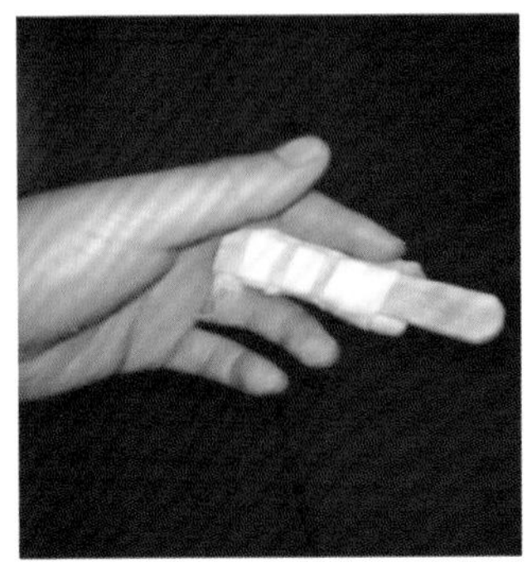

（6）股骨骨折固定法：适用于股骨骨折。

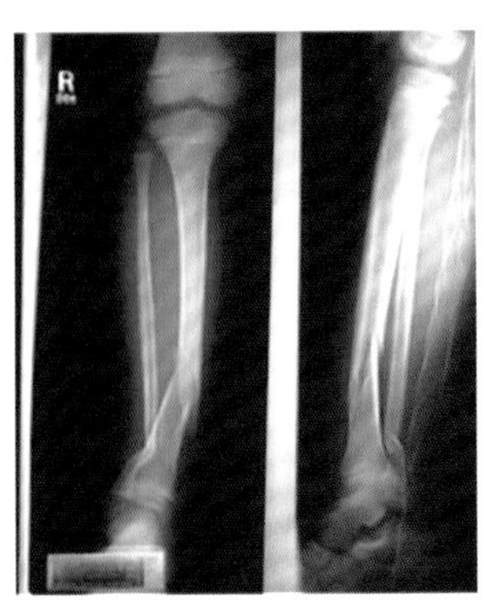

小腿骨折夹板固定法

小腿骨折健肢固定法

大腿骨折夹板固定法

股骨骨折健肢固定法

注意事项：

- 先止血包扎，稳定病情。
- 开放性骨折不能直立复位。
- 夹板内衬棉垫，防固定不稳。
- 松紧适度。
- 指（趾）端漏出。

四、搬运伤员

搬运方法有以下两种：

1. 徒手搬运法

- 单人搬运法：扶持、抱持。
- 双人搬运法：椅式、平托式、拉车式。
- 三人搬运法。
- 多人搬运法。

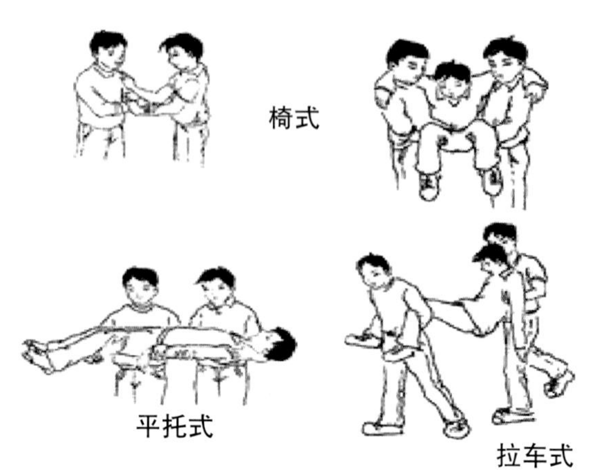

2. 担架搬运法

- 将病人身体部位保持一致平稳抬起，放在担架上，用绷带将病人固定在担架上，转运医院。

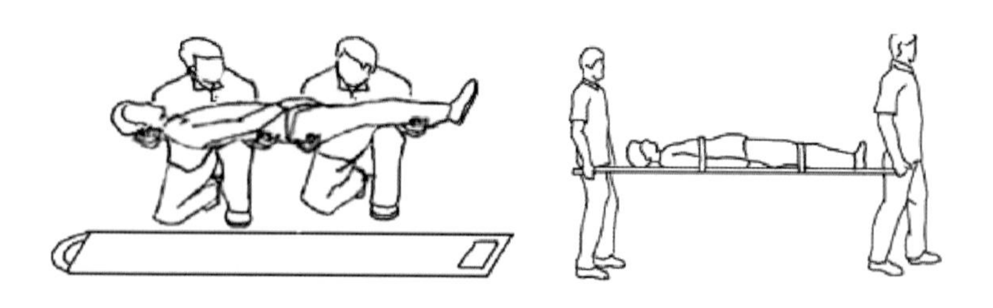

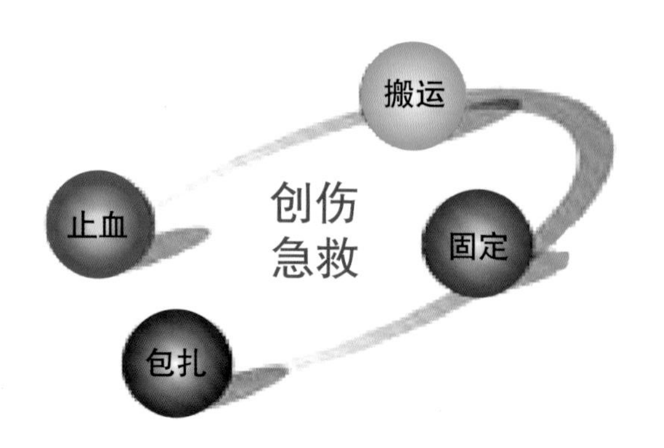

五、外伤现场急救原则

- 先抢后救，先重后轻。
- 先急后缓，先近后远。
- 先止血后包扎，先固定后搬运。

后 记

从一名煤炭院校的青年学生，走进神华集团神东矿区火热的生产一线，走到神华集团公司总部，再到国家能源集团，我一直有一个梦想，就是用所学的知识和工作中积累的经验服务企业、服务基层、服务一线、服务安全生产。

参加工作 15 年来，特别是从事安全生产应急救援与消防救护管理工作 8 年以来，面对煤炭、电力、铁路、港口、煤制油化工、清洁能源和地质勘查等不同行业近 500 个生产建设单位，为能更好地适应点多面广、专业性强、生产战线长、安全风险高等特点，我克服工学矛盾，查阅学习了大量技术文献资料，虚心请教专业人员，努力寻找规律特点，积极发现共同项，认真梳理疑难点，归纳总结成熟经验。经反复修改，几易其稿，最终形成了《安全生产应急救援与消防救护知识手册》（以下简称《手册》）。希望《手册》能够给企业安全生产管理人员特别是生产一线员工提供一定帮助，提升全员安全生产应急意识，拓宽安全生产应急救援知识面，有效防范安全生产事故和开展应急救援先期处置。

《手册》在编写中得到了国家能源集团矿山救援神东队张日晨教授、中国矿业大学（北京）张瑞教授、北京科技大学金龙哲教授、中国石化集团陈硕经理、兵器工业集团黄志凌博士、国家矿山救援开滦队高士伟、国家危险化学品救援鄂尔多斯队石军大队长等同志的大力支持和帮助，在此向他们表示诚挚的谢意。

本书从策划、修改到出版历时 8 个月，饱含了国家能源集团等单位许多优秀的安全生产管理与技术人员和生产一线员工的智慧与劳动。最后向为本书编写付出辛劳的各位同事和我的导师张瑞教授表示感谢。

编者

2018 年 1 月于北京